# 地中海

MEDITERRANEAN DIET

# 減醣料理

羅勻吟 Audrey Lo——著

**哈佛健康餐盤** 88道全家幸福共享的地中海優食提案

# 推薦序／Foreword

## This book is a guide, it's understandable, intuitive.

In reference to the skills, quality, passion and knowledge of Chef Audrey, a person who entirely dedicated a life following a dream in the field of gastronomy.

Accurate, precise, well known for her contagious passion that tranfers directly and indirectly to anyone who surround her.

This book is a guide, it's understandable, intuitive, it has important focus on nutrition and mediterranean Diet, a direction taken by world's top chefs, today for contemporary professional pleasing the palate is not enough, the quality must be supported by a solid nutritional balance, accurate knowledge, careful selection of ingredients, study and research.

Audrey has been able to match all the above and put it togheter into a book that gives all answers to anyone who wishes to approach gastronomy in the proper way.

Thank you Audrey for sharing with the world what you learned with us in Apicius, International School of hospitality.

Andrea Trapani

Executive Chef & General Manager
Apicius International School of Hospitality
Florence University of the Arts -
The American University of Florence

# 這是一本親和易懂、深具直覺特性的烹飪指南

由技巧、素質、熱情以及知識各方面來看，Audrey 主廚都是一個投注畢生心力於追尋廚藝夢想的人。她精準、確實的技藝無庸置疑，特別是對食物的熱情深具感染力，總是直接或間接傳遞給了身邊所有的人。

這是一本親和易懂、深具直覺特性的烹飪指南，尤其重要的是，聚焦在營養學以及世界頂尖名廚都相當重視的地中海飲食。對當代專業廚師而言，只討好饕客的味蕾是不夠的，廚藝的水準，更需要仰賴堅實的營養學來平衡，加上精確的知識、用心挑選食材以及深入的研發。

Audrey 主廚完全具備了上述所有的條件，並將它們完整呈現在這本書中，為所有希望能安心踏上美食探索之路的人，提供了最佳指南。

感謝 Audrey，與大家分享了妳在義大利佛羅倫斯 Apicius 國際餐飲學校所學的一切。

Andrea Trapani

義大利佛羅倫斯藝術大學 - 佛羅倫斯美國大學
Apicius 國際餐飲管理學校行政總主廚及執行長

"Challenging yourself is the only path that leads to growth". That's what she did that day.

This foreword is not just about the book. A book needs an author, and this has a special one.

The first time I heard about Audrey was when I received her candidacy to apply to Apicius International School of Hospitality Master in Italian Cuisine program.

I decided to schedule a video call to get to know her and assess her motivation and attitude, before approving her enrollment.

She didn't have a classic culinary arts background like most students do, surely not the same practical experience in the kitchen, and she was worried because she was older than average.

I tried to explain the Master program was not going to be easy: a lot to study and many Experiential Learning hours in the kitchen, assignments, papers, exams.

Since the very first time I realized Audrey's determination and dedication: she wanted to be part of the program so much, and with such a confidence in her passion for food, that by the end of our conversation she had convinced me!

Someone said that "challenging yourself is the only path that leads to growth". That's what she did that day.

And I was one of the accomplices!

Writing a cookbook may seem easy, but books like this are the result of years of study, tasting and experiencing food at first hand, with the same constant curiosity and eagerness to learn that I witnessed when she first wore our school chef jacket.

This cookbook is a further step of the path that started in Florence one day of Summer 2018.

Healthy nutrition is one of the most important keys to wellbeing but still many people are convinced that healthy food is not likely to be tasty and delicious.

I bet that after practicing Audrey's dishes, they will definitely change their minds!

There is a lot of Italy's food culture and Mediterranean lifestyle in this book, with both a contemporary twist, and an eye for old - but still valuable - habits. Dishes are represented with an up-to-date attention to aesthetics but at same time all the recipes have Audrey's tips mentioned about how to recreate new recipes from the leftovers!

Healthy oils are at the base of every preparation and recipes focus on healthy ingredients, providing the necessary information and general nutrition facts.

All recipes have been tested personally by Audrey, just like Pellegrino Artusi did in 1891, before publishing one of the most important Italian cookbooks of all times.

Thanks to accessible and clear explanations, and a good dose of a healthy passion for food, this cookbook will surely find its way into your hearts and will become a useful guide for your everyday snacks and meals, as well as for special occasion menus.

Once again...Congratulations Audrey! Now It's time for a new challenge. What's in the pot?

**Massimo Bocus**

WCCE & Consultant
Director of Food and Wine Studies
Apicius International School of Hospitality
Florence University of The Arts- The American University of Florence

## 「挑戰自己，是成長的唯一道路。」
## 這就是當初她所做的事。

在本篇序文中，我想推薦的不僅是這本書；每本書都需要一位作者，而這本書的作者非常獨特。

我第一次聽聞 Audrey Lo 的名字，是收到她想參加本校 (Apicius International School of Hospitality Master) 義大利廚藝碩士課程的申請。我決定安排和她視訊，在審核她的入學資格之前，我必須了解她的動機以及學習態度。

不像本校大部分申請者曾有正統餐飲料理的背景，或在餐廳廚房工作的實際經驗，這些，當時的 Audrey 都沒有，而且，她也擔心同班同學都比自己年輕。我嘗試著解釋，讓她明白這個碩士課程的困難度及挑戰性：包括必須閱讀很多書，還得有長時間待在廚房的體驗學習；此外，她必須交作業、寫論文以及考試。也就在當時，我了解到她的決心與無懼付出：她非常渴望參與這個課程，而且對於食物的熱情充滿著自信。在我們的對話結束之前，她已經說服了我！

常言道：「挑戰自己，是成長的唯一道路。」這就是當初她所做的事，而我，是她踏上這條路的夥伴之一。

寫一本食譜書，或許看起來很簡單。但是寫這樣的食譜，其實需要多年的研究、品嚐、對食物親身的體驗，而且伴隨著不減的好奇心，還有持續學習的熱誠。這也是當初 Audrey 穿上我們學校的主廚外套時，我親眼見證她所具備的特質。這本食譜書，是她在 2018 年夏日從義大利佛羅倫斯啟程踏上廚藝之路後，朝未來更向前邁進的一步。

健康的營養食物是幸福生活的關鍵，但仍有許多人認為健康的食物不美味、不可口。我深信，跟著食譜實際做出 Audrey 的料理後，這些人必定會完全改觀！

在本書中談到許多義大利的飲食文化以及地中海生活型態，不僅展現了當代廚藝的演變，也將流傳已久卻仍深具價值的飲食習慣融入其中。

本書的每道菜在美學上都有非常現代的視覺呈現，而且每一道料理 Audrey 都會提供貼心的建議；即便有剩菜，也可以重新創作成新的料理。她提到健康的油是每一道料理的基礎，並且提供了必要的食材資訊還有營養成分。

本書的每一道料理食譜，Audrey 都親自動手烹調、反覆確認過。如同義大利名廚 Pellegrino Artusi 在 1891 年出版的知名食譜書，該書是史上影響義大利料理最重要的著作之一。多虧容易理解而且清楚的說明，加上對「健康食物」熱情的推廣，相信這本書會觸動眾多讀者的心，並且成為日常做點心、做菜，甚至是特殊宴客場合的常備實用寶典。

再一次，恭喜 Audrey！現在，新的挑戰來了。

鍋裡有什麼好吃的？

Massimo Bocus

世界廚師協會認證料理教授

義大利佛羅倫斯藝術大學 - 佛羅倫斯美國大學

Apicius 國際餐飲管理學校餐與酒研究學院總監

# 浪漫的生活煮食——度悠悠之口

我是有資格寫這個序文的,不必自詡摘了多少顆米其林星星的美食家,而是我吃過書中的每一道菜,如神農嘗百草般。在付梓前數個月我嘗遍每一道為食譜準備的作品。有肉、有海鮮、有飯、有麵及湯品。每每佐以托斯卡尼紅白酒,也混搭蘇格蘭威士忌、法國香檳,竟發現台灣陳年高粱酒也不違和。人云這是「品菜」,大叔我說這是「生活」。

世界上每一位名廚幾乎會不約而同地承認,媽媽是他們烹飪的啓蒙老師,勻吟也是。兒時母親總是把頭份當地時令食材像變魔術般,做出一道道素樸的客家料理,餵養全家嗷嗷待哺的悠悠之口。這是她沉迷於廚藝的起手式。及長負笈倫敦,遊學維也納,歐式餐饍的食材、料理方式啓動她的另一個烹調雷達。成家後相夫教女,累積的廚藝藉生活的舞台盡情揮灑。三年前毅然拋夫棄女追求更高層次的學習探索,申請到佛羅倫斯名校追隨大師,並以優異成績獲得文憑,一償心中廚藝學院之路。藝成不為開店牟利,而是樂於授課分享,亟切想把地中海美食化為一般家庭生活日常餐饍。那是源自媽媽煮食的初心,用健康美味去餵養家人的悠悠之口。

你問我食譜的菜好吃否?大叔讚嘆無言:Yummy Yummy,功德無量。

許益謙

博上廣告董事長／台灣廣告名人堂／美學收藏家

# 如果可能，我也想做出這樣的料理

「什麼？雜菜湯？」當還在狐疑該怎麼拍這道料理時，腦中出現了《料理鼠王》裡美食評論家柯柏。當時的他應該同樣吃驚，怎麼會出這道菜呢？「這是鄉下人吃的。」然而，這湯卻帶著柯柏穿越時空，重回早已被淡忘的童年，是這食物的味道啊！

走過許多大小城市拍照，也吃過不少美食，這還是第一次長時間近距離觀察大廚做料理。談論的是和諧、平衡地堆疊滋味，沒有稀奇古怪的說明和手法；專心且專業地，按著每個食材的特色，融合出令人驚豔的美食。眼前這位多年好友，就算原本就知道她是料理高手，但從義大利回來後，她已經蛻變成創作的大廚，料理的藝術家。

料理難嗎？只要有心，真的人人都是食神嗎？勻吟說：「一點都不難。只要按照我的食譜做，每一道料理都會成功。」這會不會太誇張啊？每一道都要試吃，不好吃就換掉或重做，一直試到自己和所有工作人員滿意，才可以出菜。四個月來，從不曾妥協的她，就是這本食譜 Super 的最大原因。

最後，要推薦食譜中覺得最超級的料理——牛肝菌磨菇清湯。它到底有多好吃？不可說，不可說。不是不能說，不是不必說，而是無法說，因為怎麼說都錯……只能說，如果可能，我也想做出這樣的料理。

馬瑄

地中海減醣料理攝影／攝像藝術工作者

# 這是一本充滿「口福跟健康福」的實用好書

誰說健康飲食，就一定與好吃絕緣？誰說美味佳餚，就一定不健康？認識 Audrey 老師後，我完全信服這兩者可以同時兼顧，還能開心吃出健康！

當年初次認識，我對她的第一印象是：老師身材很好耶，聽她細述義大利傳統地中海型料理用料的講究與細火的掌握，我的腦海浮現許多畫面，內心好期待吃到她親手料理的餐餚。

因為美好的結緣，萌發了後續我們營養與料理的活動合作，我也有幸跟 Audrey 老師學到許多能保留食物養分的烹調手法，更深信營養科學知識能與食物做完美的交織融合，先滿足五感味蕾，後滿足細胞健康！

從 1950 年代開始一直到現在，已經有非常多學者用不同的研究角度探討地中海型飲食的奧妙。將地中海型飲食融入到生活中（如多吃一些魚貝海鮮以替代紅肉、增加植物性食材的攝取、選用優質的冷壓初榨橄欖油），確實可以降低代謝症候群與慢性疾病的發生，後來也成為「長壽飲食」的代表。甚至在近年的大型研究中也發現，平時多攝取豐富的植物性與魚貝海鮮飲食，罹患 Covid-19 新冠肺炎重症的風險也顯著降低，無疑是現今「防疫飲食」的重要代表。

另一個深得我心的是「211 健康餐盤」，這是哈佛大學公衛學院在 2011 年開始推廣的直覺式健康餐盤，每天的餐盤中若能做好 211 的比例：選擇原型食物，2/4 比例（一半份量）的蔬菜（最好是滿滿植化素的彩虹蔬菜），1/4 的蛋白質類食物與 1/4 的全穀雜糧根莖類食物，加上「蔬菜與蛋白質先吃、澱粉後吃」原則以維持血糖的穩定，並運用將地中海型飲食的食物種類放進 211 餐盤當中，這就是非常完美的搭配，也是我飲食生活的日常。

我在幫個案作健康管理的過程中，會運用功能醫學的思維，並經常使用地中海型飲食當作核心基礎，搭配個人化的特定食物建議，以調整體內代謝上的失衡。不論是減重減脂、改善代謝，到健康抗老的長遠目標，都能透過地中海型飲食的力量成功幫助他們重新找回更加健康的身心。

個案們經常會問我，要怎麼料理才能兼顧健康美味與簡單便利，我經常在演講或粉專中分享我的日常飲食料理「如何兼顧營養與美味」，因為健康料理一定要「美味」，才會打從心裡喜歡，也才會養成習慣，這真的太重要了！如此才能透過餐桌上的菜餚，發揮食物的力量，影響一個人到一家人的健康。現在有了 Audrey 老師的好書，健康可以更容易與「美味」劃上等號！這本充滿營養知識內涵的地中海型料理著作，是大家的福氣（口福＋健康福），你無需大費周章傷腦筋，只要一步一步照著做，就能親手烹調出令人垂涎的佳餚，無疑是幫助你維持美好體態，抗老長壽，滋養身心五感的實用好書。

呂美寶

功能醫學營養師／FB 粉專：食物的力量‧呂美寶營養師
台灣基因營養功能醫學學會理事／台灣整合醫學推廣協會理事

# 五感全開，讓細胞快樂爆裂的美食！

對一個從小熱愛食物，沒吃飽、沒吃好就會生氣的人而言，飲食是生活中最大的快樂來源之一。年紀更長之後，有機會因工作生活圈的擴大接觸到不同的美食，對不同的食物，舌尖的挑剔就一一出來了。熟悉的朋友給我一個貼切但不優雅的綽號「歪嘴雞皇后」，因為些許的差異我都可以感覺到食物的不同，且困擾的是，家族有痛風以及糖尿病的遺傳基因：愛吃美食也要維護健康，真是很大的挑戰！

大學時我主修大量食物製備，營養學、中西烹飪都是必修的課程。食物是否健康、誘人，以及如何擺盤呈現，對我而言，這些都非常的重要。過去 20 年因為接觸了身心靈與健康相關產業，對食物的能量、材料和製作方式，餐廳的環境與主廚的狀態等，更加重視，因為其中的元素如果不俱足，吃起來心裡不會愉悅，身體也會抗議，甚至會有昏沉、頭暈或沉重的感受，餐後充滿了心裡的懊惱，身體也不舒服。

時至今日，我吃過會想念的食物老實說不超過十樣，勻吟所做的菜就占了其中的三、四樣。對我而言，想念的食物不是因為懷舊或是情感的連結，而是因為做菜的人，卓越的天賦跟他們所投入的熱情，讓你就算不餓，也會想念起來，而且思思念念、不嚐不快！

與勻吟相識二十年，吃過不少她做的料理，曾經在她家從午餐吃到下午五點，我們沒預計要吃這麼久，但因為整個過程非常享受，時間就在一道道的料理中過去了。儘管吃了很多不同的食物，但是身體是愉悅的，沒有負擔的，讓我想起一位知名的靈性老師吃過勻吟的料理後，曾說：她的食物是可以療癒人的，我完全同意！

匀吟的菜除了有新意之外，常充滿驚喜，許多食材在她手上變換出從來沒想過的搭配，這是她的天分，還有對健康飲食的概念。她所研發出來的料理不僅容易做，呈盤時也充滿誘人的魅力；看的時候充滿期待，吃的時候五感完全打開，彷彿細胞快樂的爆裂！

我很高興經過多年的懇求，匀吟願意分享她這幾十年對飲食的研究，還有前往義大利深造的廚藝，以及對於營養、健康的研究，運用一篇篇清晰的圖文與解說，讓入門初學者可以簡單輕鬆地做出家人與朋友都會「哇！」一聲的美食。

食物講求的不僅是美味，更是一種健康管理。常有人說：健康的食物不好吃，這在匀吟的食譜裡面是不存在的！祝福大家能夠參考匀吟的食譜，帶給自己跟全家人快樂的飲食生活，以及健康的身體。

方孝珍

昱匯國際股份有限公司負責人 ／方安健康有限公司負責人／心悅人文空間監察人

# 來自一群交往超過半甲子歲月的好友

（依姓氏筆劃順序排列）

雖然我與勻吟同屬雙魚座，但是她的毅力與勇氣遠遠超過我的想像。她對於美食、廚藝的熱愛，讓她可以在人生中段的時候，放下一切，前往義大利拜師學藝，越過語言的障礙，進入料理的殿堂。因此品嚐勻吟的料理，不僅能吃到食物的風味與美感，還有她的熱情與執著。深切期待她的新書發表，不僅介紹美食、料理，更是書寫她的美麗人生，與世人分享。

## 王子亦

昕品設計設計總監

勻吟對飲食有天賦敏銳度，毋庸置疑。多年來被她的美食餵養過的朋友，有口皆碑。她的堅定意志，毋庸置疑。已有私廚美名的主婦，為了心底認定的那塊生命拼圖，堅定上路。無畏五十歲後重拾學生身分，在佛羅倫斯著名餐飲學校認真投入，真的令人佩服。這一切際遇，背後有家人的全力支持，更是毋庸置疑。回台後，朋友間的讚嘆和掌聲讓她忙著一路辦餐宴、教學，到現在有這本書出版。很確定的是，這是她獨特生命旅途的逗點，不是句點。下一局精彩，期待中。

Privileged to have a friend like you ！

## 申普中、曾偉禎

電影工作者

看到撲鼻的芬芳香氣，看出澎湃的 Umami （鮮味）……看得見真實好料，更看得見火熱的 passion 與一位母親的愛！
勻吟的每道料理裡面都隱藏了訊息，看得出裡面有驚嘆號、有思想、有對話

……有靈魂！彷彿那就是旅遊行者的感觸？彷彿自己就這麼幸運，已經應邀隨她進入了一趟異國風情的旅行，悠遊在迎面而來的綺思遐想。這是一部超越食譜的創作品，一起熱烈恭賀與匀吟共創、掌鏡攝影的人間奇才：馬瑄女士！

石靈慧

Bliss Consulting 虹策略品牌顧問集團執行長


用心料理、以愛調味，情迷義大利的匀吟，用書分享愛的美味！

李冠毅

服裝設計師


匀吟很有才華又很認真，在生活和專業上，她都是可圈可點，讓人讚不絕口。我認識她好久了，有幸品嚐她的手藝也跨越 three decades，她做菜常是信手捻來就驚豔！談節氣健康和搭配都是她對料理的熱愛和知識，早就期待她的食譜了！

何文

製作人媒體人設計師，現居美國


匀吟的餐桌是視覺與味覺、美味與健康的多重饗宴。如今她終於把對地中海及各式料理的一套心法、在地與健康食材的應用提倡，都濃縮進這本書裡，是我們這群檳友與廣大讀者的福氣！

洪麗芬 Sophie Hong

服裝設計師

我常在家與朋友相聚，也享受著跟 Audrey 一起輕鬆上菜的時光，喜歡看她享受做菜認真的樣子、看她咀嚼餐盤中美食滿足的神情。她隨時可以想出不同的食材組合和做法，對調味品選擇及混搭充滿實驗精神，不迷信食材、餐廳的價格、等級，再廉價的食材、再無名的餐廳，Audrey 都可能發掘出美味！

**徐寶玲**

生活美學家

「一頁頁美味的正能量」
製作這一本書就是一段精彩的旅程，從作者的信念、廚藝、攝影、編輯、設計、印刷到完成，這段旅程的終點就是透過料理獲得「正能量」。

**黃桂倩**

雲朗觀光集團／視覺設計處資深經理

廚師即饕客。
「真正快樂的 Chef，是歡喜期待每一口上菜的同時，享受而自信的讚許別人的佳餚」，勻吟是也。
菜餚之間盡現遊蹤。
「行旅用餐或家宴席間，永遠流露遊學足跡與熱情慧眼者」，勻吟是也。
大哲班雅明說：「得到好書諸多手段中，自己寫一本就對了」，勻吟出書，以為跋。

**楊岸、高桂君**

今品空間計劃室內建築家

雪沫乳花浮午盞，蓼茸蒿筍試春盤。人間有味是清歡。～蘇軾

人生吃過最美味的蟹宴、最地道的義大利菜（沒錯！那時勻吟尚未到歐洲取經，其實早已經無師自通）。不只菜餚擺盤精緻美味，wine pairing 更是精彩！

希望在台灣美食高度的競爭下，出版這個味美與健康兼具的書，可以讓大家除了會吃懂吃之外，還開始自己下廚，用自己的巧手變出一道道健康又美味的美食。

隨著生活型態改變，大家開始重視飲食上的健康均衡，也要美味可口，這本勻吟的美食書令人期待。

**黎明珍**

戰國策資深媒體顧問


勻吟，一位注定燒飯做菜的人，她的家人與朋友也就注定了「幸福」。現在，她的讀者也可以分享這份「幸福」。天注定，就那麼地自然。

**劉嵩**

四座金鐘獎紀錄片導演得主


勻吟是新竹女中老同學，在「司羅檳」群裡重溫她名滿群友的好廚藝。過知天命年，竟毅然決然遠赴義大利 FUA 廚藝學院深造求藝。

食材若不能在一般超市買的到，就不會在書中出現，勻吟此次出版的新書，在常民生活美學的忖量，讓我深感佩服。

**謝美慶**

舉目山莊顧問

# CONTENT

48　蘿蔓彩椒雞胸肉毛豆仁沙拉
Romaine lettuce, peppers, edamame and chicken breast salad

50　蝦仁開心果費塔起司櫛瓜麵
Zucchini noodles with shrimps, feta cheese and pistachios in shrimp bisque

52　羅勒絲瓜燴蛋與綠扁豆
Sauteed loofah, eggs and lentils with basil

54　番茄燴茄子與帕瑪森起司
Sauteed tomatoes and eggplants with parmigiano reggiano

56　炸櫛瓜花佐番紅花希臘優格
Deep fried zucchini flowers with saffron yogurt

58　炙烤香草奶油煙燻紅椒粉白花椰菜
Roasted cauliflower with chili, smoked paprika and mixed herbs butter

## 湯品

60　毛豆仁薄荷湯
Edamame mint soup

62　綜合時蔬羽衣甘藍湯
Italian ribollita

64　義大利肉丸子蔬菜湯
Minestra maritata

## 麵食

66　煙花女義大利麵
Spaghetti alla puttanesca

68　芥藍洋蔥醬培根貓耳朵麵
Orecchiette with Chinese kale onion sauce

70　透抽烏魚子墨魚義大利麵
Spaghetti al nero di seppia with grilled squids and bottarga

72　檸檬蝦義大利麵
Spaghetti in shrimp bisque with pan fried shrimp

74　紅椒醬酸豆義大利螺旋麵
Fusilli rigati with red pepper sauce and capers

76　番茄黃瓜明蝦天使冷麵
Capellini with tomatoes, cucumbers and shrimps in olive oil and balsamic sauce

## 海鮮

78　油封番茄酸豆燴煮白肉魚海鮮蛤蜊
Acqua pazza

80　蝦仁荸薺佐白花椰菜泥
Sauteed shrimps and water chestnuts with cauliflower purée

## 肉類

## CHAPTER II    WEEKEND BRUNCH

## CHAPTER III    CHEF'S  SECRET

# CHAPTER IV　　YUMMY HEALTHY

## CHAPTER V    SUPER DESSERT

## 附錄

# 用美味，
# 創造美好關係

自序／Preface

我一直相信，能投入自己喜歡的事，最為幸福。

我喜歡做料理，幸運的是，多年來我不僅為家人做菜，朋友們舉辦派對也常邀請我代為張羅餐點，讓我有許多機會在料理上持續鑽研、精進。前幾年，我感受到更強烈的探索渴望，希望能一窺專業廚房如何運作？也好奇於專業廚藝技巧能否在融會貫通之後，走進一般家庭，讓更多人可以輕鬆做出美味的料理？

於是我毅然決定前往義大利佛羅倫斯藝術大學（FUA- AUF），進修專業廚藝碩士課程。歐陸料理一直深得我心，還記得早年前往倫敦求學時，在嚴冬中飽受風寒之苦的我，有次吃到熱騰騰的牧羊人派時，竟不知為何流下淚水。食物擁有的強大撫慰、療癒力量，深深震撼了我！某些食物的味道總能觸動鄉愁般的情感，讓人憶起生命中溫暖的時刻，這是後來我為許多朋友設計宴客菜單時，最常聽到賓客們的回饋，也是讓我持續在料理中投注熱情的原動力。前往義大利學習廚藝，即是為了一探歐陸菜系中最廣為人知的地中海料理，如何自古羅馬時代就開始孕育出精彩的西方飲食文化，進而影響全世界。

除了造就讓人難以忘懷的美味，回歸飲食的基礎核心價值，更不能忽略營養成分對健康造成的影響。為了在料理中兼顧營養與美味，我進一步取得了 America Certification Institute 的資深國際健康管理師認證，期待讓每一道料理的營養與美味能極致展現。近年來，在飲食中攝取過多醣份造成的健康問題廣受重視，減醣的飲食風潮日益風行。其實，在全球眾多的飲食方式中，蟬聯多次「整體最佳飲食」冠軍的地中海飲食，因為大量食用新鮮蔬果，搭配適量優質蛋白質及富含不飽和脂肪酸的橄欖油，非常適合與減醣飲食互補。而食物攝取的比例與順序，再參考由哈佛大學公布的「健康飲食餐盤」建議，如此一來，更能發揮極大的效益，開心吃出健康。

從義大利回國以後，因各方邀約，我開始教授廚藝課程，將專業廚房常用的技巧簡化，設計出適合全家一起享用的地中海減醣料理，是我的廚藝課程主要核心理念。在課程間，我也樂於分享依據哈佛健康餐盤概念（亦即眾所熟知的 211 飲食方法）成功減重的經驗。教學內容與飲食方法的分享，廣受廚藝教室學生們熱烈的迴響，紛紛問道：「Audrey 老師，什麼時候出食譜書？」因而催化了我著手整理食譜的想法，進而集結出版成書。

在數量龐雜的食譜中，我花了將近一年的時間去蕪存菁，整理出同時兼顧減醣概念又美味無比的做法，與大家一起善用在地當令食材，輕鬆優雅做出一道道國際級風味料理。針對日常生活中的各種需求，我將食譜分為五大類，期待大家可以隨心所欲，用美味料理創造生活中的美好關係。

對於忙碌的上班族而言，餐餐要打點好，的確不容易。在設計食譜時，考慮到我自己也是天天下廚忙碌的「煮婦」，總希望可以快速上菜，因此書裡大部分的食譜歸類在 Rush Hour 單元，希望縱使被時間追著跑，大家還是能輕鬆上菜。

忙著上班、上課，總算可以休息的週末，愜意的早午餐已經成為許多人生活中充滿期待的時刻。我將在第二個單元 Weekend Brunch 與大家分享多道與家人一起享用、營養均衡又美味的早午餐，活力滿滿迎接新的一週。

食物具備療癒人心的力量，其實料理的過程也是！當端出的一道道佳餚成為餐桌上歡樂的催化劑，這樣的成就感更是無可比擬！因此我想分享一些適合家庭聚會或宴客的菜色，在 Chef's Secret 單元裡，呈現幾道我常做來宴客的菜。這些菜色其實並不難，只是準備的食材多了一點、烹煮的時間長了一些，可以跟家人在週末假日時，一起準備，聊聊天，開一瓶酒，邊喝邊完成佳餚；端上桌時，聽見大家「wow！」地歡呼與充滿期待，一同享用美食。生活的樂趣不就是如此？！

在 Yummy Healthy 單元裡，分享的是我一直最想做，也很擅長的事。我的孩子是會把胡蘿蔔一小顆、一小顆從菜裡挑出來的人，但我會利用不同的料理方式，比如做蔬菜丸子，加進孩子較不愛的蔬菜，讓他們均衡攝取多樣蔬菜種類。因此，我設計了幾款特別適合老人、小孩，或比較沒食慾時也可以容易入口的料理。

對許多喜愛甜食的人來說，減醣飲食必須減少糖分的攝取，難免心理上會有一些小壓力。但若是如常吃一般甜食，再去講究料理中的減醣，效果想必亦是相當有限。因此，如何讓減醣飲食能夠含括甜點，讓大家既能輕鬆享用，身心又可感到舒暢愉悅呢？在 Super dessert 單元裡，我挑戰了最新的甜點概念，運用進化的配方與烘焙方式，呈現出一道道無負擔的甜點，讓全家人一起享用。

談到地中海飲食，愉快的用餐過程、敞開胸懷的熱情交流與分享，最為讓人津津樂道。撰寫這本食譜，我很開心能邀請多年好友馬瑄一起加入，分享她對於攝影的熱情，以她過人的美感為每道料理創作出動人影像。相識多年的資深時尚媒體人陳宜，則是在企劃、撰寫與拍攝食譜的過程中，與我分享了許多編輯經驗，讓內容更為豐富完整。

投入自己喜歡的事，如此的幸福，唯有親身體驗，才能感受。誠摯邀請你打開這本食譜，走進廚房，與我一起輕鬆擁有這一切的美好。

# 地中海減醣飲食，
## 享受美好人生

Mediterranean Diet Foundation

2021 年，《美國新聞與世界報導》（*U. S. News & World Report*）針對全球 40 多種飲食模式所評選出的「整體最佳飲食榜單」中，「地中海飲食」再次蟬聯第 4 年整體最佳飲食冠軍。

究竟地中海飲食法為何一再蟬聯冠軍？已經有許多醫學報導分析，其中比較關鍵的因素是，這些地中海沿岸地區居民，依風土氣候與生活環境而發展出來的飲食型態是，多食用天然未加工新鮮食物、多樣海鮮，與少量肉類搭配少量奶製品，攝取優質蛋白質，以及全穀類碳水化合物、大量季節性蔬果，並使用富含單元不飽和脂肪酸的橄欖油，均衡的營養、豐富的維生素礦物質及健康油脂攝取，造就了地中海飲食的特色。我們常常看到一句英文「You are what you eat」，怎麼吃、吃什麼，其實都跟我們的健康有著密不可分的關係。

舉世推崇的地中海飲食，其實非常適合與目前風行的減醣飲食相互搭配。減醣飲食被稱為最人性化的減肥瘦身方式，主要是降低日常飲食中的「可消化性」碳水化合物比例；減醣食物的選擇多元，執行容易，據研究顯示能幫助控制體重、穩定血糖，預防糖尿病與心血管疾病。一般正常飲食中碳水化合物的攝取佔比約為 50%-60%；進行減醣飲食，可按個人需求降低攝取比例，亦可參考本書所分享的「哈佛健康餐盤」飲食攝取比例建議，健康享用美食。在飲食中降低碳水化合物的比例，需要藉由攝取優質蛋白質與油脂來補充所需的營養素，而這正是地中海飲食最優越的特性，足以與減醣飲食完美搭配，堪稱天作之合！

減醣飲食對喜愛甜點的人而言，最痛苦的莫過於必須控制「糖」類食物的攝取。在這本食譜中，我為自己立定了一個挑戰的目標：設計出減醣飲食也能輕鬆享用的甜點！很開心我完成了這項挑戰，相信食譜中的每一道甜點，都能滿足味蕾的渴望，卻對健康不造成負擔。

適當的烹飪方式、尊重食材的原味以及簡單不繁複的料理手法，也是地中海飲食的精髓。我在義大利進修廚藝時專攻義大利料理，其正是地中海飲食的代表之一。本書所分享的料理方式及食材搭配，除了以道地的手法呈現，也同時考量到：生活在台灣的我們，有許多在地優質的特色農畜產品，因此，本書裡的每一道食譜都經過精心設計，以時令新鮮本地食材，加上一些方便購買的輔助進口食材，運用簡單不繁瑣的烹飪方式，搭配易上手專業的技巧，期盼讓大家能夠省時、省力，輕鬆讓料理的營養美味升級。

美味料理催化出人與人之間的和諧共聚，是地中海飲食非常重要的內涵。而所謂地中海飲食觀念，在最為大家所熟知的「地中海飲食金字塔」圖表裡，除了清楚表達此地區人們所吃的食物種類與數量比例外，在金字塔最底層，所強調的是社會和諧關係、人與人之間的互動。也就是說，快樂的情緒、開心地享受佳餚，是地中海飲食最基礎的精神所在。

在這本書中，我期盼將專業技巧簡化，融入一般家庭廚房，推廣輕鬆做出地中海減醣料理的烹飪藝術，讓大家走進廚房，為所愛的家人、朋友料理美味，同時，也能享有更多餘暇，和家人朋友歡聚。對我而言，飲食就是一種生活方式的選擇。享用地中海美食，適度以葡萄美酒佐餐，也是不可或缺的元素之一。舉杯的祝福、分享佳釀的開心及飲酒的微醺，更能讓人忘卻煩憂、享受當下！

藉由本書中的一道道美食，讓自己仿如置身地中海如詩畫般的風情之中，與親友開心共度美好時光，這不就是最讓人身心愉悅、心嚮往之的美好生活嗎？

# 地中海飲食金字塔 ≡
## Mediterranean Diet Foundation

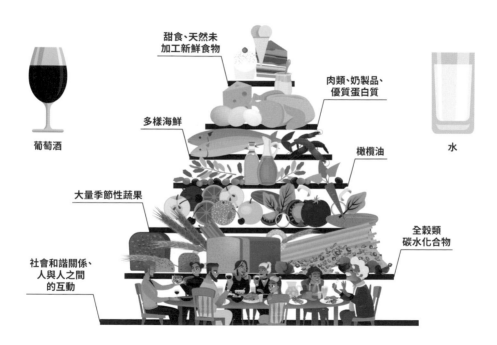

甜食、天然未加工新鮮食物

肉類、奶製品、優質蛋白質

多樣海鮮

橄欖油

葡萄酒

水

大量季節性蔬果

全穀類碳水化合物

社會和諧關係、人與人之間的互動

# 哈佛健康餐盤，輕鬆享瘦的秘訣

## ≡ 哈佛餐盤健康餐盤 ≡
### Healthy Eating Plate

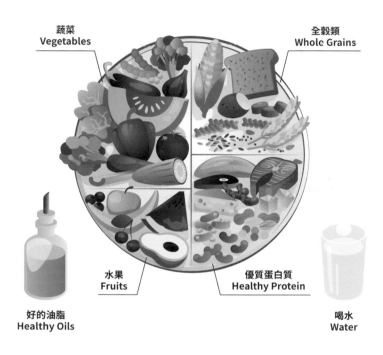

蔬菜
Vegetables

全穀類
Whole Grains

水果
Fruits

優質蛋白質
Healthy Protein

好的油脂
Healthy Oils

喝水
Water

Healthy Eating Plate 健康飲食餐盤，是由哈佛健康出版社和哈佛公共衛生學院的營養專家在 2011 年所創建。這個飲食建議比例，與地中海飲食金字塔的內容相當接近，為遵循健康飲食的人們提供了更具體、更精準的指南。其中明確建議我們每次用餐，餐盤上全穀類與優質蛋白質應各佔 25%，蔬菜佔 40%（馬鈴薯等根莖植物不算在此），水果佔 10%；另外建議多喝水，攝取少許的牛奶製品，避免喝含糖飲料及使用好的油脂。

這幾年來，風行世界的 DASH（Dietary Approaches to Stop Hypertension）得舒飲食，也是用這個健康餐盤作為建議準則，只不過它們是把水果放進蔬菜這一區，所以得舒的健康餐盤是以 50% 蔬菜加上 25% 的全穀類及 25% 的優質蛋白質。而健康餐盤旁邊還有兩個重要的元素，分別是好的油脂跟喝水。

# ≡ 油脂樹狀圖 ≡
## Grease Dendrogram

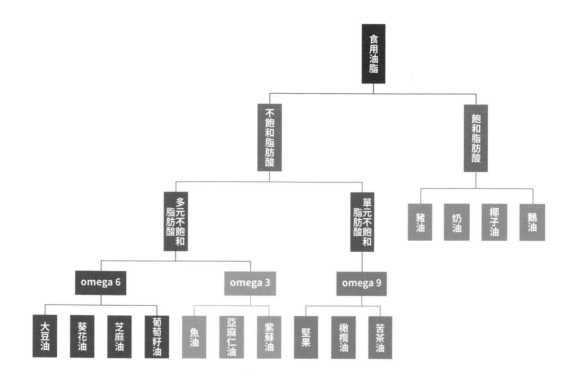

關於油脂，是一個需要特別關注的話題。很多人會有迷思，因為擔心罹患心血管疾病，不敢攝取太多的油脂；其實並不需要刻意減少攝取油脂，而是要改變觀念，選擇吃好油。我記得義大利廚藝學校裡有一位老師的口頭禪是「No fat no flavor」，油脂會增進食物的風味，在料理中不可或缺。重點是我們要選擇好的油及攝取各種含 omega3、6、9 的油，建議最佳的攝取比例是 1：1：1。

以上列舉平常我們會用到的各種油所屬的 omega 種類，讓大家能更進一步對油脂有所了解：

一般國人烹飪會選擇含 omega 6 的油品居多，因此我建議不要以一瓶油、一種油做所有的料理，盡量準備幾種不同烹飪用油輪流著使用，若能以冷壓初榨油為主更佳。也盡量減少以高溫來烹飪食物，長期食用容易導致身體慢性發炎，所以在本書食譜

裡我所介紹的料理，部分會特別建議使用油的種類。大部分的蔬菜類及沙拉類我都是用冷壓初榨橄欖油，烤根莖類的蔬菜用冷壓椰子油，煎魚、煎肉則會用到奶油跟豬油。

特別要提醒大家：除了用對油很重要之外，方法技巧也很重要！

在烹飪教室，最常有學生問我：「冷壓橄欖油不耐高溫要怎麼大火炒菜？」基本上我都會建議採用水油炒菜法。大部分的蔬菜會出水，烹飪時可以先放菜再放油，就可以避免高溫炒菜導致油溫太高的問題。

健康餐盤的右邊是「water」水，這裡面包含：水、不含糖的咖啡、茶，以及少量的牛奶製品。飲品類要避免含糖的飲料，建議大家在白天餐與餐之間可以小口小口喝水，且多喝溫水；飯前先喝一杯 300ml 的水，可以幫助代謝。這份健康餐盤就是所謂的 211 餐盤，不僅是我平日三餐的飲食規範，也是我為家人準備便當餐的依據。

除了每餐食物的比例建議，我們也需要暸解：胰島素的分泌幅度與進食的食物種類順序息息相關。當空腹許久之後開始吃東西時，第一口先吃澱粉類如白吐司等精緻碳水化合物，或是先吃白煮蛋之類的蛋白質食物，兩種不同的進食種類與順序，會讓胰島素的分泌幅度有所不同。因為兩種食物消化吸收快慢不同，血糖上升的指數也不一樣。先吃蛋白質種類，血糖升高的速度相對較碳水化合物來得緩慢，胰島素的分泌就緩和得多。利用這樣的原理吃飯，我們可以藉由吃的順序來調控胰島素的敏感度，而不會因為長期高度分泌，導致胰島素敏感度降低，帶來胰島素阻抗的問題。如此一來，我們可以好好的吃三餐，吃足夠的量讓我們有更均衡的營養，也無需擔心血糖的問題。

因此，我會建議由低升糖的食物開始吃，例如先吃含油脂的蛋白質食物，這包括：烹飪過含油脂的豆類豆腐，然後吃大量蔬菜，再來是全穀類碳水化合物。因為水果含果糖，會直接被人體快速吸收，建議有

減重或是血糖管理需求的人，盡量在吃飽足一頓餐後，再酌量吃水果。值得一提的是，以杜蘭小麥粉製作的義大利麵屬於低GI 碳水化合物，因此我也設計了幾道義大利麵食譜，畢竟吃得開心、享受美食又能對健康沒有負擔，是現代人非常需要的。

目前無論醫療、營養界都主張用健康餐盤來控制飲食與胰島素的關係，如果每餐能攝取 50% 的蔬菜、25% 的優質蛋白質以及 25% 的未精製穀類，飲食順序從蛋白質到蔬菜，再到碳水化合物，就是一個完整的減醣飲食守則，並不需要斤斤計較卡路里的數字，而且能有更好的功效，這也是我自己親身的實戰經驗。

隨著年紀增長，一向不太容易發胖的我，不知不覺腰臀的比例開始有點失控。檢測我所吃下的食物，內容是沒有問題的，但在讀到減重名醫的文章，理解了 211 餐盤與正確的飲食順序之後，認真地執行了三個月；進食內容依舊是我平常所吃的食物，沒有減少食量，選用好油烹調食物，將精緻澱粉換成多穀類，餐與餐之間盡量只喝水，且每天喝足夠的水量，食物攝取比例與食用順序如上述所說，先從蛋白質到蔬菜，再吃碳水化合物，三個月的成果讓我的腰圍從 79cm 降為 68cm，而且一直維持至今。

# RECIPE

# RUSH HOUR

## 輕鬆快速｜美味上桌

忙碌生活中，最需要簡單容易、快速完成的料理！本單元就是能讓我們在上下班時間的夾縫中，輕鬆端出美味料理的食譜。

平日雖然時間緊湊，還是可以輕鬆上菜的秘訣之一，就是在時間充裕時，或者晚上睡覺前，花些時間準備下週需要使用的食材：像是預先烤 8 ～ 10 個彩椒，去皮後放在玻璃容器裡，淋點橄欖油，放入冰箱，以供下週使用。更可以利用線上網站購買包括有機的雞肉清高湯、大蒜粉、洋蔥粉，以及混合現磨的胡椒粉，還有鯷魚罐頭、橄欖罐頭等經常會用到的調味料，也是能方便料理省時的方法。

另外，將專業廚房常用的技巧簡易化，運用在日常料理中，也可以讓美味大幅提升。例如，買回的生鮮肉品在烹調後總覺得不夠嫩軟，甚至很柴，可利用專業廚師常用的鹽水醃製法（brine-curing）。在料理前一晚睡前，將肉品放進冰箱裡，第二天再烹調，多一道簡單的步驟，就能讓整道料理輕鬆升級，無論是大塊肉、烤雞排、雞胸肉、肋排或是全雞都可以這樣做，事半功倍，讓家常菜達到彷彿餐廳料理水準，甚至超越！

誰說好吃的料理一定耗時費工?! 一起來輕鬆快速做料理，在家就能端出誘人美味!!

# 芝麻葉烤豆腐南瓜沙拉

## Arugula, roasted pumpkin and tofu salad

### ▌材料（3-4 人份）

芝麻葉　100g

小番茄　300g

木棉豆腐　1 盒

中型南瓜　半個

莫札瑞拉起司　200g

冷壓初榨椰子油　20ml

冷壓特級初榨橄欖油　50ml

麻油　10ml

新鮮檸檬汁　20ml

蜂蜜　少許

薑泥　少許

肉豆蔻粉　少許

法式芥末醬　10g

### ▌作法

1 烤箱以 170°C 預熱 5 分鐘。

2 將生菜洗淨，瀝乾（建議使用蔬菜脫水機）。

3 南瓜切塊，淋一點椰子油或橄欖油，將鹽巴、胡椒粉、肉豆蔻粉少許，均勻灑在南瓜上，放入預熱的烤箱中，以 160°C 烤至熟軟，帶點金黃色。

4 豆腐可用烤箱烤，也可以用乾鍋微煎上色。

5 醬汁：將油與檸檬汁（亦可用果醋替代）以油 3、醋 1 的比例混合，加鹽、胡椒粉、少許芥末醬、薑泥、蜂蜜，用瓶子搖勻或用攪拌機攪拌均勻。

6 南瓜、豆腐放涼後，將芝麻菜、小番茄、起司混合在一起，淋上醬汁即完成。可以加上任何你喜歡的起司或堅果食用。

## Audrey 美味提點

1　芝麻葉含有豐富的維生素、礦物質及類胡蘿蔔素等超級抗氧化劑，鐵質含量也相當高，被稱為超級食物，在超市、市場經常可見。芝麻葉不適合烹煮，多以沙拉為主；生食時略帶苦嗆味，搭配油脂醬汁十分美味。除了芝麻葉，也可以放入羽衣甘藍、萵苣、蘿蔓。芝麻葉的微嗆與小番茄超搭，加入烤過的南瓜和豆腐，口感層次更豐富，是一道可當作主食的料理。

2　淋醬加了薑泥和麻油，讓生食的沙拉菜增添了熱補的功能，請務必試試這款好吃的沙拉醬。

3　有小孩的家庭，可以把地瓜、馬鈴薯切成薯條狀，淋上冷壓椰子油，然後鹽烤給孩子當成零嘴吃，健康又營養。

# 甜菜根茴香柳橙費塔起司沙拉

## Beetroot, fennel and orange salad with feta cheese

---

**▌材料（2-3 人份）**

甜菜根　1 個

柳橙　1 個

茴香頭　1/2 個

蘿蔓生菜　1 把

費塔起司（Feta）　20g

鷹嘴豆罐頭　1/3 罐

（或自煮乾燥鷹嘴豆 100g）

薄荷葉　1 把

有機初榨橄欖油　60ml

義大利巴薩米克醋

（balsamico）　20ml

檸檬　1 個

**▌作法**

1 將整顆甜菜根切片，淋上少許巴薩米克醋，加少許鹽，用錫箔紙包覆進烤箱170°C烤 40 分鐘。（或者煮一鍋水把削皮的甜菜根放入，約煮 30-40 分鐘，取出放涼切片。）

2 柳橙刨皮，將果肉取出。茴香塊莖切絲，泡在冰水裡 10 分鐘。

3 薄荷葉切碎，鷹嘴豆瀝乾水分拌上鹽、胡椒、橄欖油與切碎的薄荷。

4 將甜菜根、柳橙果肉、蘿蔓生菜、茴香、鷹嘴豆拌上檸檬汁與橄欖油，置於盤內，再放上揉碎的費塔起司，最後淋上義大利巴薩米克醋即可完成。

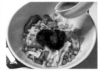

## Audrey 美味提點

---

1 甜菜根的營養價值很高，含有維生素 B12、礦物質鎂、鉀、磷、葉酸及容易消化吸收的醣類。當中的甜菜紅素是一種很好的抗氧化植化素，可以保護腦神經。豐富的鉀則有助於攝取過多的鈉時，平衡血壓。甜菜根的醣份較低，屬於蔬菜類，可以加入飲食中多多攝取。

2 這道食譜以甜菜根與柑橘類、沙拉菜及起司做為組合，用酸、鹹來平衡甜菜根的甜。

3 鷹嘴豆有碳水化合物的飽足感及蛋白質的營養。使用罐頭鷹嘴豆相當方便，也可以用乾燥的豆子，煮熟後，再分裝置於冷凍櫃，方便需要時取用。乾燥豆子前一晚先泡水放冰箱，第二天把水倒掉，換新的水再用鍋子煮大約 1-1.5 小時，即可煮軟。

# 羽衣甘藍鮮蝦佐酪梨醬沙拉

## Kale and pan fried-shrimp salad with avocado dressing

### 材料（3-4 人份）

羽衣甘藍葉　8 片

大鮮蝦　3-4 隻

紅綠無籽葡萄　各 100g

熟成酪梨　2 個

檸檬　1 個

鹽、黑胡椒　少許

### 作法

1 無籽葡萄切對半，放進烤盤，用烤箱以 120 或 100°C 烤大約 3 小時。可以在前一天事先準備好。

2 將羽衣甘藍葉洗乾淨，去梗摘下葉子，脫水瀝乾。

3 鮮蝦去頭剝殼，淋上一些冷壓初榨橄欖油，刨一點檸檬皮在蝦肉上面，包覆保鮮膜放在冰箱備用。

4 將 1 顆熟成酪梨去外皮及內核，放在調理機裡淋上大約 20ml 的檸檬汁，添加少許鹽、胡椒，啟動調理機打成醬料。

5 將蝦肉從冰箱取出，用不沾鍋加少許橄欖油加熱，之後將蝦兩面煎熟，取出備用。

6 羽衣甘藍葉跟打好的酪梨醬，用手輕輕翻攪，讓甘藍葉均勻沾上醬料。

7 擺盤：將沾滿酪梨醬的甘藍葉放在盤上；另 1 顆酪梨切丁加入沙拉中，再把煎好的蝦放置上方，灑上烤好的葡萄乾即完成。

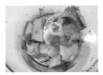

## Audrey 美味提點

1 羽衣甘藍是非常營養的食材，一般常見的料理方式主要為打成精力湯。但其實羽衣甘藍葉的運用非常多元，只是梗纖維粗硬，所以要去梗取葉。

2 酪梨本身就是油脂來源，具有 53% 的單元不飽和脂肪酸，以及 18% 的多元不飽和脂肪酸，且富含維他命 A、C、E 及 B 群。用酪梨醬沾上羽衣甘藍葉，再搭配蝦、葡萄乾、酪梨塊，營養滿點，滋味豐富。

3 可將吃剩的或者甜度不如預期的葡萄，利用烤箱以低溫大約烤 3-4 個小時，製做成果乾，運用在沙拉料理中，可以為沙拉帶來更多層次及鮮甜滋味。

# 綜合彩虹蔬果與糙米鷹嘴豆

Rainbow veggie chickpea salad with poach eggs and brown rice

## ▍材料（3-4 人份）

小黃瓜　1 條

紅黃彩椒　各 1 個

綠花椰菜　1 個

柳橙　1 顆

雞蛋　2 個

西洋芹菜　1 支

櫻桃蘿蔔　1-2 個

雞胸肉　1 份（約 300-400g）

煮好的糙米飯　半碗（約 150g）

罐頭鷹嘴豆　100-150g

去籽橄欖　10 個

費塔起司　100g

堅果　30g

檸檬　1 個

### ● 淋醬

冷壓初榨橄欖油 100 ml、蘋果醋 20ml（果醋）、巴薩米克醋 20ml、乾燥香草少許、鹽與胡椒少許

## ▍作法

**1** 小黃瓜用刨刀削薄皮狀、紅黃彩椒切丁約 1.5 公分，進烤箱 170°C 烤 20 分鐘，或者用橄欖油略炒軟；綠花椰菜處理好切成約 1.5-2 公分，以加鹽的沸水川燙 2 分鐘，過冰水瀝乾。

**2** 雞胸肉抹鹽下鍋煎至兩面金黃，進烤箱烤 6-8 分鐘。靜置 10 分鐘後切成塊狀。也可以買現成的舒肥雞胸肉切塊使用。

**3** 罐頭鷹嘴豆濾掉水分，用橄欖油跟檸檬皮拌過。

**4** 水煮蛋：水煮滾後，放入中型雞蛋轉最小火煮 7-8 分鐘。熄火後取出雞蛋泡冰水 1 分鐘，製作約六至七分熟的溏心蛋。

**5** 西洋芹刨掉表皮纖維，切成薄片泡入冰水中。柳橙削皮取出果肉。

**6** 將淋醬所有材料依比例混合好。將所有食材擺放在盤裡，淋上醬即可食用。

## Audrey 美味提點

1　我常在烹飪教學中示範這道料理，不只是彩虹蔬菜的顏色漂亮，綜合起來一起吃的口感也非常好。油醋醬可以依個人喜好自行發揮；蘋果醋可以用檸檬汁或其他酸味果醋替代。喜歡稍甜口味的人可以加蜂蜜或楓糖，擔心沙拉略寒性的人也可以在油醋醬裡加薑泥、茴香粉。 純素者則可以用豆腐代替雞胸肉。

2　溏心蛋的秘訣在於雞蛋煮熱水的時間，而烹煮時間跟雞蛋大小有關。以中型雞蛋為例，水滾後放入雞蛋用最小火煮 7 分鐘讓蛋白變熟，此時蛋黃約七分熟。熄火，拿出雞蛋泡冰水大約 1-2 分鐘，就會形成完美的溏心蛋。

3　彩虹蔬菜提供不同的胡蘿蔔素與花青素，豆類的蛋白質與糙米的優質碳水化合物，讓這道料理既飽足又營養均衡。

# 蘿蔓彩椒雞胸肉毛豆仁沙拉
## Romaine lettuce, peppers, edamame and chicken breast salad

▌材料（2-3 人份）

雞胸肉　2 片（約 400g）

酪梨　1 個（約 200-300g）

●沙拉菜

芝麻葉　100g

火焰菜　100g

波士頓萵苣　1 個

（或自己喜歡的沙拉菜）

彩椒　2 個

小番茄　200g

罐頭紅腰豆　100g

（或其他豆類）

毛豆仁　100g

檸檬汁　1 個（刨皮擠汁）

●沙拉醬

薑泥少許、第戎芥末 1 茶匙、蜂蜜 2 茶匙、鹽少許、胡椒少許、檸檬汁 30ml、冷壓初榨橄欖油 90ml（或是酪梨油、堅果油）

▌作法

1 雞胸肉灑鹽、胡椒，加入檸檬皮與橄欖油，放置冰箱醃 1 小時。取出後兩面煎至金黃，烤箱以 180°C 烤大約 10 分鐘。以測溫計測量雞肉中心溫度 65°C 左右，取出靜置 10 分鐘後切片。沒有烤箱也可以繼續煎至上述溫度再切片（控制肉質軟嫩的最佳方法，就是掌握肉品的中心溫度）。

2 沙拉菜洗乾淨、脫水濾乾，酪梨切塊狀 2-3cm 大小。

3 彩椒切絲，小番茄切半，毛豆仁川燙熟後取出泡冰水。罐頭紅腰豆放進濾網中用開水稍微沖洗，淋橄欖油及一點檸檬汁備用。

4 混合沙拉醬的所有材料，放入有蓋玻璃瓶中並充分搖勻乳化。

5 把步驟❶到❹的食材擺盤，形成彩虹顏色的視覺陳列，再淋上沙拉醬即完成。

## Audrey 美味提點

1　雞胸肉是優質動物性蛋白質，腰豆、毛豆則是很棒的植物性蛋白質，加上富含植化素的綜合彩虹食物，是一道好吃又營養的餐點。素食者可以用豆腐或白豆乾取代肉類，或者將豆類的份量增加，也可以加入藜麥一起享用。

2　沙拉好吃的秘訣除了食材組合的口感外，沙拉醬也扮演著重要的角色。酸、鹹、甜比例之間要拿捏好，重複地試吃，找到最佳的平衡比例。通常油跟醋的最佳比例是 3：1。酸味食材可以選擇喜歡的醋或檸檬汁，油脂盡量選擇味道清新淡雅的冷壓初榨油品為佳，甜的食材可用蜂蜜、椰糖、楓糖等等。有時候我會選用椰棗代替糖跟油醋，一起攪打成醬汁，另外也會加一點薑泥、堅果來降低沙拉的寒性。

# 蝦仁開心果費塔起司櫛瓜麵

## Zucchini noodles with shrimps, feta cheese and pistachios in shrimp bisque

---

**▌材料（1-2 人份）**

櫛瓜　1 條

蝦仁　3-4 隻

費塔起司（Feta）　約 10g

開心果　約 10 顆

蝦高湯　20ml

（作法詳見檸檬蝦義大利麵）

鹽、綜合胡椒粉、大蒜粉　1 茶匙

**▌作法**

1 櫛瓜用刨皮刀刨成片狀。

2 鍋子放入冷壓初榨橄欖油，用中小火煎蝦仁。取出後，再將蝦高湯趁熱倒入，做成醬汁備用。

3 取另一個乾淨的鍋子放入橄欖油，清炒櫛瓜，用筷子輕輕翻炒約 1 分鐘。加入鹽、胡椒粉、大蒜粉調味。

4 開心果放入烤箱烤至酥脆，或者用鍋子小火炒至略微上色即可，放涼略切成小塊。

5 擺盤：盤中放入櫛瓜片、蝦仁，淋上蝦高湯，再放入切成小塊的費塔起司與開心果即完成。

## Audrey 美味提點

1　用櫛瓜做成寬扁麵條狀取代麵食，不但可增加口感，同時也減少麩質的攝取。櫛瓜不適合炒太久，容易有微苦的味道，應保持爽脆的質地與甜味。加入大蒜粉、胡椒粉，讓這道料理較有層次風味。

2　費塔起司原產於希臘，是一款鹹香的乳酪，適合搭配沙拉、蔬菜料理及麵食類。奶香跟鹹香的滋味可以帶給料理更多變化與層次。若不喜歡或手邊沒有起司，也可以不用添加。素食者可炒一點杏鮑菇、彩椒取代蝦仁。

3　蝦仁、櫛瓜、開心果、費塔起司及蝦湯，在口中迸發美味協奏與平衡，是一道優雅美味的料理。蝦高湯做法可參照檸檬蝦義大利麵。這道料理沒有高湯也無妨，依舊美味。

# 羅勒絲瓜燴蛋與綠扁豆

## Sauteed loofah, eggs and lentils with basil

---

**材料（2-3 人份）**

絲瓜　1 條（約 600g）

雞蛋　2 個

綠扁豆（lentil）50g

水　50ml

羅勒　1 把（或台灣九層塔）

鹽　少許

白胡椒　少許

薑　少許

**作法**

1 扁豆用水煮滾，加一點鹽調味，約 15-20 分鐘後熄火略悶一下，撈出沖冷水瀝乾。若家裡有月桂葉或喜歡的香草，可以在煮的時候放入。

2 雞蛋打散，用橄欖油煎，再以筷子略微攪一下，讓蛋的口感嫩一點。盛起備用。

3 絲瓜與薑片用中小火加油慢炒，等絲瓜熟透有湯汁後，加入鹽與白胡椒。薑片撈出不用，再把炒好的雞蛋、扁豆一起放入，加上羅勒葉增添香草的香氣，起鍋時淋上初榨橄欖油即可。

## Audrey 美味提點

1 這一道是以台灣食材運用地中海料理的烹飪手法，搭上香草及橄欖油的香氣，可以吃出絲瓜的香甜，再加上炒蛋，便是一道大人小孩都愛吃的料理。

2 扁豆是優質的碳水化合物，富含膳食纖維、葉酸、鐵質，是地中海料理中常見的優質穀物類。口感綿密的扁豆有幾種顏色，在一般傳統市場、進口連鎖的大賣場都可以買到。歐洲人常將扁豆煮成湯品或拌入沙拉裡，我用絲瓜結合扁豆做菜，天然的蔬菜甜味結合蛋跟綿密扁豆，別有一番滋味。

3 絲瓜盡量以小火低溫烹飪，比較能讓內含的水分釋出。水分跟甜味藉由加熱濃縮後再回到食材，可以讓絲瓜料理更香甜。

# 番茄燴茄子與帕瑪森起司

## Sauteed tomatoes and eggplants with parmigiano reggiano

---

**▌材料（3-4 人份）**

日本圓茄　3-5 個

（或台灣茄子 7-10 個）

大番茄　2-3 個

羅勒葉　10 片（或台灣九層塔）

帕瑪森起司整塊

大約 20-30g（磨粉用）

鹽　少許

胡椒　少許

**▌作法**

1 將茄子用滾刀切，淋上橄欖油。放入烤箱 170°C 烤 30-40 分鐘，或者用鍋子小火慢煎至熟。

2 大番茄（可去皮）每個切成八等份大小。

3 帕瑪森起司用刨刀器或起司刨刀，磨出大約 20-30g 份量。

4 羅勒葉切碎。

5 番茄用橄欖油小火慢慢加熱，釋出番茄汁，再將烤好的茄子加入一起燴炒，最後加上羅勒葉及起司。可以趁熱吃，或者放涼後當涼菜食用。

## Audrey 美味提點

---

1　這是一道簡單製作卻味道濃郁的料理。茄子、番茄、帕瑪森起司、羅勒相互交織的滋味十分融合，單獨吃或搭配麵包、義大利麵，都是極佳的吃法。

2　帕瑪森起司（Parmigiano Reggiano）是這本食譜中出現最多次、使用最頻繁的食材。這款義大利家喻戶曉的硬質起司，油脂含量大約 28-32%，鈣質含量也很高，義大利媽媽會把磨到最後的外皮給孩子當磨牙餅乾，是一款風味繁複奶香濃郁的起司，陳年越久香氣更濃，鹹度也較高。在料理上的用途也相當多，包括沙拉、開胃火腿拼盤、番茄肉醬、燉飯、蛋料理等都會使用到。

3　食譜裡的帕瑪森起司是使用整塊分切下來的純乳酪，不是一般罐裝的帕瑪森起司粉，現磨的風味更香醇。

# 炸櫛瓜花佐番紅花希臘優格

## Deep fried zucchini flowers with saffron yogurt

▌材料（2-3 人份）

櫛瓜花（選擇公花） 8-10 朵

●裹粉

麵粉　80g

玉米粉　20g

（或葛根粉、馬鈴薯粉 20g）

雞蛋　1 個

水　適量

●炸油

耐高溫油　350ml

（葵花油、葡萄籽油、玄米油等）

●番紅花優格醬

番紅花　10-15 絲

無糖希臘優格　30ml

檸檬汁及鹽　少許

▌作法

1 番紅花優格醬：將番紅花泡在 5ml 的開水中約 10 分鐘，再放入希臘優格裡，加少許鹽、檸檬汁攪拌，放置冰箱備用。

2 炸櫛瓜花麵糊：將蛋打入一個寬口容器，先攪拌後再將麵粉、玉米粉或馬鈴薯粉、葛根粉，一起過篩到蛋液裡，加水跟冰塊一起將麵糊打勻。

3 櫛瓜花清洗乾淨，摘除花裡面的雄蕊，用廚房紙巾將花朵上的水分拍乾。

4 炸油預熱後，放一點麵糊測試油溫，若麵糊放進去會浮起來，即已達可以油炸的溫度。將櫛瓜花裹上麵糊放入炸油裡約 1-2 分鐘，炸至表面金黃酥脆。

5 炸好的櫛瓜花放在廚房紙巾上，吸附炸物油脂，且趁熱撒上少許鹽跟胡椒調味。

6 擺盤：將炸好的櫛瓜花堆疊起來，搭配番紅花優格醬即可食用。

## Audrey 美味提點

1 櫛瓜在一般超市都可買到，販賣時會標註公花或母花，這道食譜我們選用花苞較瘦長的公花。也可用南瓜花或絲瓜花來製作，口感跟效果都一樣極佳。也可以在花裡填入馬扎瑞拉起司或瑞可塔起司，增加起司的奶香跟拉絲效果。

2 炸物要酥脆，麵糊非常重要。麵糊加上雞蛋，減少水的用量，加一些玉米粉或地瓜粉在麵糊裡，可以增加酥脆口感。此外，麵糊的溫度越冰，炸出來的外皮就越酥脆。

3 要選擇燃點較高的油來油炸，一般油炸的溫度大約在 180°C 左右，不適合使用一般的初榨橄欖油。

4 將兩種地中海食材做成顏色美麗又營養的番紅花希臘優格醬，可增添料理的層次與雅緻。由於番紅花風味特殊，醬料只需要簡單調味即可。

# 炙烤香草奶油煙燻紅椒粉白花椰菜

## Roasted cauliflower with chili,
## smoked paprika and mixed herbs butter

---

**材料（3-4 人份）**

帶梗白花椰菜　1 顆

（挑帶梗白花椰菜，

　花排列緊密的較佳）

煙燻紅椒粉

（smoked paprika ）　約 5g

帕瑪森起司磨粉　20g

綜合胡椒粉　少許

辣椒粉　少許

●香料奶油

　奶油　50g

　各種乾燥香草　約 2g

　（百里香、巴西里、蒜粉、洋

　蔥粉、羅勒、芫荽）　少許

　海鹽　少許

**作法**

1 香料奶油：將無鹽奶油放在室溫中軟化。軟化後加入所有的乾燥香料，以及大蒜粉、洋蔥粉、鹽拌勻，用保鮮膜包裹，塑成圓柱形。

2 將整顆花椰菜泡水洗乾淨，不要切開。

3 用深鍋煮水，加鹽。水滾後放入整顆白花椰菜，中火煮大約 5 分鐘。

4 將煮熟的白花椰菜取出，置放在一個容器上。

5 取一支刷子將香料奶油均勻地刷在白花椰菜上，再撒上煙燻紅椒粉、辣椒粉及磨成粉的帕瑪森起司。

6 烤箱預熱至 180°C，5 分鐘後將白花椰菜放入，用火烤大約 15 分鐘。

7 烤完之後，可以找一個容器將花椰菜像花束一樣擺在上面，或者切開食用。

### Audrey 美味提點

1　用不將整顆花椰菜切開的方式將表面烤至金黃，可創造不同的視覺效果，吸引孩子的目光及滿足餐桌上的享用樂趣。

2　近年白花椰菜米成為減醣料理中的時尚食材，是因為本身屬於多纖維蔬菜類，白碎粒形狀非常接近平常吃的米飯，可以取代習慣吃米飯的人。

3　白花椰菜含有蘿蔔硫素、槲皮酮、穀胱甘肽、維生素 C 和硒，營養豐富又屬於膳食纖維高及低碳水化合物的蔬菜，不少減重族群會以花椰菜來減少精緻碳水化合物的攝取。

# 毛豆仁薄荷湯

## Edamame mint soup

---

### ▌材料（3-4 人份）

新鮮毛豆仁　500g

（或冷凍毛豆仁）

洋蔥　1 個

薄荷（取葉子部分）　1 把

冷壓初榨橄欖油

● 蔬菜高湯

水 2000ml、洋蔥 1 個、胡蘿蔔
1 條、西洋芹 3-4 支（可以增加
韭蔥 Leek、蒜苗、蕈菇）

### ▌作法——蔬菜高湯

將高湯的蔬菜切塊狀，取一深鍋，待水煮滾後放入所有蔬菜，小火不加蓋煮 4-5 小時，煮好過濾蔬菜，取清湯備用。

### ▌作法——湯品

1　毛豆仁用煮滾鹽水川燙 1 分鐘，將洋蔥切細入鍋炒至透明。加入川燙過的毛豆仁一起炒 3 分鐘左右，再加入蔬菜高湯或加水略煮 5-7 分鐘，加鹽調味。

2　將煮好的洋蔥毛豆湯倒入調理機，再加入薄荷葉一起打成濃湯。

3　喝湯時淋一點冷壓初榨橄欖油，加一點胡椒，可搭配烤好的歐式全麥麵包或法式長棍麵包一起享用。

## Audrey 美味提點

1　義大利當地做這道湯品，是採用新鮮當季的豌豆仁加上薄荷，因此只在盛產豌豆季節才能喝得到，這是義大利料理的精神。在台灣，我使用毛豆仁來做這道薄荷濃湯，兩種食材彼此相襯和諧，讓簡單的料理無比美味。

2　毛豆的蛋白質素有蔬菜中的牛肉之稱，每 100g 毛豆仁有將近 15g 的蛋白質，含量很高。除此之外，所含的維生素 A 及 β 胡蘿蔔素是大豆的 5-10 倍。料理時先川燙過，可以減少脹氣。

3　盡量選擇安全、有機的蔬菜來做高湯。除了基本高湯食材，做菜時，削下來的胡蘿蔔外皮也可以丟進去，或是把去頭去尾不吃的部位放進去熬煮。但提醒：西洋芹的葉不要放入，會帶來苦味。煮好後過濾食材，就可以成為方便的蔬菜高湯，在做任何料理時舀上一勺高湯，就能增加蔬菜的香氣及鮮甜。

# 綜合時蔬羽衣甘藍湯
## Italian ribollita

### 材料（3-4 人份）

成熟大番茄　2-3 個

洋蔥　1 個

西洋芹　2-3 支

胡蘿蔔　1 條

櫛瓜　1 條

罐頭白豆　200g

羽衣甘藍菜　約 200g

（可用菠菜取代）

番茄糊　30g

蔬菜高湯　1000ml

（或清雞湯、水）

### 作法

1 將大番茄切成塊狀。

2 洋蔥、西洋芹、胡蘿蔔切細丁入鍋，加油炒約 5-7 分鐘。

3 羽衣甘藍菜去梗取葉。

4 白豆倒出 100g 打成泥狀，另一半留著備用。

5 將步驟❷的炒蔬菜加入番茄糊，續炒 2 分鐘左右，再加入番茄繼續炒到出水後，加入櫛瓜，倒入高湯，放進白豆一起煮。小火不加鍋蓋煮30 分鐘左右，加入羽衣甘藍葉，再放入打成泥的白豆泥煮 5 分鐘。

6 盛出後淋上冷壓初榨橄欖油即可。也可以放進烤過的歐式麵包一起吃。

### Audrey 美味提點

1　義大利托斯卡尼冬天盛產的黑甘藍葉（cavolo nero），不管是餐廳或是一般家庭，餐桌上都會有一道湯品叫 Ribollita（中文是一直重複煮的意思），而 cavolon nero 就是這道湯品的必備菜，本地超市很多都將其歸類為羽衣甘藍。使用容易買到的羽衣甘藍品種或者菠菜來做這道食譜，都很適合。

2　在義大利的冬天，我家的爐子上一直都會有這鍋料理。大量蔬菜搭配豐富蛋白質的豆子食用，如果買得到茴香頭（fennel bulb）也可加入湯裡，增添香氣。有時忙到沒時間做飯，熱個湯搭配義大利麵，或者有乾掉的麵包丟一些到湯裡面，就是一頓營養又好吃的餐點。

# 義大利肉丸子蔬菜湯

## Minestra maritata

### ▌材料（3-4 人份）

●肉丸子

- 豬絞肉　600g
- 雞蛋　1 個
- 麵包粉　100g
- 起司粉 60g：
- 帕瑪森起司（Parmigiano）30g、佩克里諾起司（Pecorino）30g（也可全部使用帕瑪森起司）
- 巴西里　1 把

●蔬菜湯

- 洋蔥　1 個
- 西洋芹　3-4 支
- 胡蘿蔔　1 條
- 菠菜、奶油白菜或任何綠色蔬菜
- 零碎的義大利乾燥麵條　100-150g
- 雞高湯　1000ml

### ▌作法──肉丸子

將所有肉丸子食材放入大盆，調味，充分和勻，做出大約 3 公分直徑的丸子。再將丸子入鍋稍微煎過。

### ▌作法──蔬菜湯

西洋芹、胡蘿蔔、洋蔥切丁，取一湯鍋，將上述食材炒香，洋蔥炒至透明，加入雞高湯以中小火煮大約 15 分鐘。接著，把煎過的肉丸子及碎義大利麵煮 3 分鐘左右，再放入綠色蔬菜續煮 1 分鐘，就完成這道肉丸子蔬菜湯。

## Audrey 美味提點

1　這道料理的義大利原名為 Minestra Maritata，意思是蔬菜跟肉結婚，意指蔬菜跟肉完美的結合，就像結婚一樣。這道湯品完美詮釋出蔬菜的鮮甜與肉丸子的濃郁味道，呈現出既平衡又和諧的滋味。

2　肉丸子可以是牛肉、牛豬混合，或者雞肉等等。乳酪則是這道料理的基本食材，帕瑪森在台灣比較普遍，佩克里諾則需要到進口食材專賣店才能夠取得，因此也可以使用單一乳酪。基本上兩款乳酪都是硬質的陳年乳酪，濃郁的鹹香賦予料理更多鮮味。

3　義大利料理靈魂的底料：洋蔥、西洋芹、胡蘿蔔混炒，叫做 Soffritto，是混炒蔬菜的意思，即把洋蔥、紅蘿蔔和芹菜剁碎，加油拌炒煮至軟爛的過程。這道湯品運用了這些基本班底，加上雞高湯，成就一款美味可口的佳餚。

# 煙花女義大利麵

## Spaghetti alla puttanesca

---

▌ 材料（2 人份）

去皮番茄罐頭　200g

黑橄欖　8-10 個

酸豆　18-20 個

大蒜　約 1-2 瓣

鯷魚　6 片

辣椒去籽　半條

胡椒　少許

冷壓特級初榨橄欖油（EVOO）

扁葉巴西里（義大利香菜）　少許

義大利圓直麵（spaghetti）　200g

▌ 作法

1 將特級初榨橄欖油 EVOO 倒入炒鍋，放入蒜片及辣椒小火拌炒。

2 另取新鍋放水煮滾，加入鹽巴煮麵。煮麵時間以包裝標示為準，通常是 8 分鐘。

3 蒜片微加熱後，加入黑橄欖、酸豆及鯷魚拌炒一下，再放入去皮番茄。若是用整顆的番茄，可在鍋內稍微切一下。為了讓番茄元素突顯，建議以新鮮番茄或罐頭番茄為主。若手邊沒有切丁或整顆的番茄，用番茄泥替代也可以。

4 麵煮好後，直接倒入炒鍋中，快速攪拌讓醬汁與麵條的澱粉乳化。若覺得太乾，可加一些煮麵水，乳化均勻的醬汁被麵吸附，不僅可使色澤更好之外還更有味道。

## Audrey 美味提點

1　這道義大利麵是可以在非常短時間就完成的料理。我個人最常做這一道麵食，宴客時也很適合做大份量，再做個沙拉、準備一個主餐，就能輕鬆料理出一桌宴客菜。

2　鯷魚、酸豆、橄欖是地中海料理中不可缺的食材。這道麵食在義大利小館子的菜單中，常被稱為 Spaghetti alla puttanesca；Puttana 是義大利文風塵女郎的意思。這道料理流傳著一些故事跟來源，然而重點在於這是一道使用櫥櫃裡的罐頭跟大蒜、辣椒就能簡單變出的美食。這幾種食材迸發出來的濃烈、鹹香、辣度，十分強烈有勁，帶有濃濃義大利拿坡里風情。不過幾乎只有小館子會用這名稱，大部分會用 Capperi e Olive 來稱呼它，也就是酸豆跟橄欖的麵。無論是什麼名字都不改這款麵食的迷人美味。

# 芥藍洋蔥醬培根貓耳朵麵
## Orecchiette with Chinese kale onion sauce

▌材料（2-3 人份）

芥藍菜　300g

洋蔥　1個

蒜頭　2瓣

鯷魚　5-6片

乾燥義大利貓耳朵麵
（Orecchiette）　250g

義式培根（pancetta）　30g

（或一般培根　4-5片）

水　100ml

▌作法

1　將芥藍菜頂端的嫩花芽摘下，剩餘的莖、葉切段，分別過加鹽的滾水川燙幾秒鐘，再過冰水冷卻。

2　洋蔥切丁，入炒鍋以小火炒至透明。

3　將步驟❷的洋蔥加入川燙過的芥藍菜炒至熟透，加水微煮1分鐘，加鹽調味。

4　將步驟❸的食材用強力果汁機或食物調理機打成醬備用。

5　鍋子煮水加鹽，放入義大利貓耳朵麵。烹煮時間請參閱包裝說明。

6　炒鍋加入油，蒜片以小火炒至顏色呈垷微微金黃，撈起備用。鍋內繼續加入鯷魚、培根切片，再放入步驟❶的嫩花芽。

7　待麵煮好撈起，放進步驟❻的炒鍋中。再倒入步驟❹的醬汁，並淋上橄欖油，翻炒鍋中的麵。乳化過程若需要水分，可以加入一些煮麵水，讓整個醬與麵均衡附著，就可以盛盤享用。

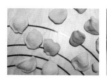

## Audrey 美味提點

1　這道麵食運用了義大利非常經典的 orchette con cime di rape 改良式做法；主要是台灣本地沒有生產 cime di rape 這種花椰菜家族的青菜，而略帶苦味是這個青菜的特色，所以我用芥藍菜代替。

2　芥蘭菜是非常棒的十字花科菜，以醬汁的方式調理，再加上其他食材融合出絕妙滋味，營養美味適合經常食用。芥藍菜的小綠花芽可以加到麵裡做裝飾，剩餘的部分亦可做成醬汁；在青花筍盛產季裡，也可以跟青花筍一起做成綠醬。鯷魚、培根的鹹香，更讓整道料理增加風味層次。

# 透抽烏魚子墨魚義大利麵

Spaghetti al nero di seppia with grilled squids and bottarga

## ▌材料（2 人份）

乾燥的墨魚義大利麵　160g

小透抽　4-5 隻

蒜頭　2 瓣

烏魚子　30-40g

檸檬　1 顆

奶油　20g

## ▌作法

1 將小透抽洗乾淨，剝去外皮、內臟，用平底鍋煎到焦香，盛起備用。

2 準備一鍋鹽水煮墨魚麵，所需時間參照包裝說明。

3 用原來煎透抽的鍋子加一點高湯或水，加熱後，放入準備好的烏魚子份量 1/2，再放入煮好的墨魚義大利麵、奶油，充分拌勻讓麵條乳化，加入透抽起鍋盛盤。

4 把剩下的一半烏魚子切薄片，或者用磨檸檬皮工具磨碎撒在麵上，再磨一些檸檬皮即完成。

## Audrey 美味提點

1　用最簡單的烏魚子來增添海鮮麵的鹹香，是一道非常受歡迎的料理。美味秘訣就是先將烏魚子融化一些在麵的醬汁裡，待奶油、水、麵跟烏魚子充分乳化之後，加入任何喜歡的海鮮。最後要享用時，再現磨烏魚子撒在麵上，增添視覺與味覺效果。另外，檸檬皮也扮演了非常重要的角色，因為檸檬皮帶著濃郁的柑橘香氣，跟海鮮可以迸發出動人的和諧感。

2　這道料理從準備到完成，只需要花費煮麵的時間，也就是約 8 分鐘左右。推薦在忙碌的時刻製作給家人與小孩享用。

# 檸檬蝦義大利麵

## Spaghetti in shrimp bisque with pan fried shrimp

---

### ▌材料（2 人份）

大草蝦或明蝦　2 隻

檸檬　1 個

扁葉巴西里　1 把

義大利麵　250g

大蒜粉、鹽、胡椒　少許

辣椒（視喜好選擇添加）　半條

蝦高湯　50ml

### ●蝦高湯（完成份量約 1000ml）

蝦頭 1 公斤左右、中型洋蔥 1
個、西洋芹 2 支、胡蘿蔔半條、
番茄糊 2 茶匙、白酒 40 ml、
水 2000ml、奶油 50g

### ▌作法

1. 蝦高湯：將蝦頭分開，用奶油將切丁的蔬菜炒香，加入番茄糊繼續翻炒到香氣出來。加白酒煮滾後再加水，不加蓋以小火慢煮，濃縮到約原來的一半份量，過濾成清湯備用。

2. 大蝦去頭留殼，去腸泥。用刀將蝦背切開但不切斷，展開蝦肉，在上面撒上檸檬皮及橄欖油，放入冰箱大約 20 分鐘。

3. 取一鍋水加鹽煮麵，另用不沾鍋煎蝦，把蝦直接放入，待快熟時，淋上橄欖油，再加入蒜粉、胡椒粉、鹽調味。把蝦取出，再放入 50ml 的蝦高湯，待麵煮好直接倒入後快速攪拌。加入橄欖油、檸檬皮，讓油、湯汁、麵釋出的澱粉透過攪拌乳化為濃稠的醬，附著在麵上。

4. 盛盤：把炒好的蝦子放在麵上，撒上巴西里，再淋上一點點橄欖油。喜歡吃辣的人可放上辣椒片或撒上辣椒粉。

## Audrey 美味提點

---

1. 好吃的義大利麵並不是把配料炒一炒，加上煮好的麵就可以；將醬汁與麵條煮好後所釋出的澱粉一起乳化才是關鍵。利用油、湯汁和澱粉，不停快速翻炒乳化為醬汁，且使醬汁附著在麵上，再淋上一點點橄欖油，增添香草風味與光澤，就是道地義大利麵的做法。不用太多的食材，反而可突顯麵條的彈牙口感與醬汁之間的協奏，這正是義大利麵美味的精髓。

2. 蝦高湯是這道料理的致勝秘訣。魚販攤商通常只賣蝦仁，而將蝦頭丟棄。買菜時，不妨多跟傳統市場的魚販打交道，就可以買到大量的剝殼蝦頭，運用做成美味蝦高湯。蝦頭加上西洋芹菜、胡蘿蔔及洋蔥西式三寶熬湯，湯越濃郁，麵汁越加充滿蝦膏腴脂。

# 紅椒醬酸豆義大利螺旋麵

## Fusilli rigati with red pepper sauce and capers

**┃ 材料（2-3 人份）**

紅椒　6 個

酸豆　20 顆

鯷魚　3 片

螺旋麵（Fusílli）　200g

水　50ml

扁葉巴西里　少許

**┃ 作法**

1. 紅椒切半去籽，用烤箱 170°C 烤 30-40 分鐘。烤好之後略燜一下去皮，加鹽放入調理機打成醬，若水分不夠，可加一點熱水。

2. 鍋子放入橄欖油，讓鯷魚片在鍋中熔碎。加入酸豆略炒一下，再把打好的紅椒醬取 2-3 人份倒入鍋中。

3. 螺旋麵煮好倒入步驟❷的醬汁中，加入些許冷壓初榨橄欖油，翻攪拌勻麵與醬。若太乾時可加一點煮麵水，讓乳化均勻的醬汁附著在麵上，再撒上切細的巴西里。

## Audrey 美味提點

1. 甜椒跟酸豆的結合是這道料理的特色，麵的部分也可以選用筆管麵（penne），只要是醬汁容易吸附的形狀都可以。

2. 彩椒是彩虹食物的來源，因為顏色多元鮮豔，非常適合搭配料理增加視覺享受。烤過的彩椒，會帶來煙燻的味道，且烤彩椒的方式有很多種，最常被廚師使用的方式是在爐火上直接炙燒，整個焦黑後再沖洗燒焦的外皮。

3. 第二種方式是採用食譜裡介紹的烤箱方式。燒烤後彩椒表皮會略焦黑，自烤箱拿出後蓋張錫箔紙，利用蒸氣讓彩椒的表皮更容易剝開。每週我都會做一罐放在冰箱，方便隨時取用，無論是蔬菜或是肉類料理，都可以為料理帶來更多的色彩及營養。彩椒湯汁也務必充分利用，能夠讓料理帶出絕佳的彩椒煙燻味。

# 番茄黃瓜明蝦天使冷麵

## Capellini with tomatoes,
## cucumbers and shrimps in olive oil and balsamic sauce

**▌材料（2-3 人份）**

小番茄　20 顆

小黃瓜　2 條

明蝦　2-3 隻

紫洋蔥　1/2 個

義大利天使麵（angel hair）　250g

●醬汁

　紅蔥頭　2 瓣

　鹽、胡椒　少許

　芫荽　1 把

　冷壓初榨橄欖油　90ml

　巴薩米克醋　20ml

**▌作法**

1 將明蝦去殼、去腸泥，煮一鍋水川燙後泡冰水半分鐘，瀝出水分備用。

2 將每個小番茄切成 4 份，小黃瓜切細，紫洋蔥切細泡冰水。

3 醬汁：檸檬刨皮、擠汁。紅蔥頭切細碎，放入橄欖油、檸檬汁混合。加鹽、胡椒及巴薩米克醋做成醬汁。

4 天使麵依照包裝說明的時間煮好，過冰水。將麵條夾至盤中，放上番茄、黃瓜及明蝦，撒上切細的芫荽即完成。若喜歡辣味，可以加入切碎的辣椒，享用前再倒入醬汁。

## Audrey 美味提點

1 這道麵食是參考台式涼麵製作的。用低 GI 義大利麵條來製作，這食材簡單、滋味濃郁，卻很清爽的料理。選用好的冷壓初榨橄欖油是很重要的關鍵。

2 涼麵的靈魂是醬汁，而醬汁的做法相當多元，酸、甜、辣、鹹也各有所好。食譜裡示範的是最簡單的油醋醬加上紅蔥頭。在西式料理中，沙拉或淋醬常常會加入紅蔥頭，帶點嗆辣的風味與油、醋相互搭配，是美味的小秘訣。

3 除了蝦肉，牛肉、雞胸肉、豬肉片也很適合用來料理。蔬食者可以多放點沙拉葉、煎過的豆腐皮或豆類食材等。

# 油封番茄酸豆燴煮白肉魚海鮮蛤蜊

## Acqua pazza

---

**材料（2-3 人份）**

中型魚　1-2 條

（黃魚、石斑、鱸魚皆可）

風乾油漬番茄罐頭

（取用 2 3 片即可）

酸豆　10 個

新鮮大番茄　1 個

鮮蝦　2-5 隻

蛤蜊　600g

羽衣甘藍菜　3 片左右

高湯（雞湯、魚湯或水）　100ml

白酒　50ml

檸檬　1 個

**作法**

1 把魚洗好用紙巾擦乾，灑上少許油跟鹽調味。

2 羽衣甘藍去梗，摘下葉子。番茄切片、風乾油漬番茄切絲備用。

3 把蝦洗乾淨，用牙籤取出腸泥，蛤蜊泡鹽水去沙。

4 取一個不沾鍋，加一點橄欖油將魚兩面煎到焦黃，接著放入蝦稍微煎一下。

5 放入番茄切片、風乾油漬番茄、酸豆，再加入高湯，然後放入蛤蜊一起燜煮。

6 當蛤蜊漸漸打開時，放入羽衣甘藍，約 1-2 分鐘後，即蛤蜊全開時起鍋。起鍋前淋上一點冷壓初榨橄欖油、刨一點檸檬皮，擠一點檸檬汁即完成。

## Audrey 美味提點

1 這是一鍋煮的快速料理。只需要將魚稍微煎到金黃色後，就可以陸續放入所有食材，藉由高湯及其他海鮮風味融合出一道豐盛的料理。海鮮與蛤蜊帶來大海鮮甜豐富的滋味，加上風乾油漬番茄及酸豆的鹹香，幾乎不需要再加鹽及調味料。適合忙碌的家庭主婦在有限時間裡，輕鬆煮出一鍋海鮮料理。檸檬皮的清爽及橄欖油的香氣，增添了更多層次與風味。

2 這道料理在義大利稱為「Acqua Pazza 瘋狂水煮」。隨興的漁獲、番茄、酸豆倒入水或白酒中一起烹煮，就是道簡單快速又美味的漁夫料理。

# 蝦仁荸薺佐白花椰菜泥

Sauteed shrimps and water chestnuts with cauliflower purée

▎材料（2-3 人份）

蝦仁　600g

荸薺　10-12 個

西洋芹　1 支

芫荽　1 把

松子　30g

大蒜粉、洋蔥粉、鹽、
白胡椒　少許

●白花椰菜泥

白花椰菜　1 個

奶油　30g

鹽、胡椒　少許

▎作法

1 西洋芹削去表皮纖維，切細
丁。荸薺切細丁。

2 蝦仁切丁。

3 白花椰菜泥：白花椰菜切
成 2 公分大小入鍋，用奶油
炒過，加一點水（50ml 左
右），再用調理機加入鹽、
胡椒打成泥狀。

4 鍋子加進橄欖油，以中小火
加入荸薺、西洋芹略炒軟，
再加入蝦仁一起快炒。撒上
鹽、大蒜粉、洋蔥粉及白胡
椒調味，起鍋前加入細碎的
芫荽葉。

5 將花椰菜泥鋪在盤底，再放
上步驟❹的成品。最後撒上
松子，淋少許冷壓初榨橄欖
油即可完成。

## Audrey 美味提點

1 這是將中式料理蝦鬆改版的蔬菜海鮮料理。用橄欖油以中小火炒蔬菜，帶出蔬菜的香甜與荸
薺爽脆的口感，加上蝦仁的海鮮滋味與綿密花椰菜泥，層次與風味非常和諧，適合老人、小
孩食用。

2 松子又稱長壽果，含有優質蛋白質、礦物質、膳食纖維及維生素。松子的油脂為不飽和脂肪
酸，有助於降低血脂和防止心血管疾病。富含的鎂可以促進人體的神經調節、增強肌肉耐力。
松子入菜除了增加營養，爽脆口感和堅果香氣亦可增添料理享受及豐富層次感，尤其跟蝦仁
搭配更顯美味。

# 地中海烤軟絲

## Mediterranean grilled cuttlefish

**材料（4-6 人份）**

軟絲　2 條（約 600g-800g/ 條）

黃、綠檸檬　各 1 個

鹽、綜合胡椒　2-3 茶匙

煙燻紅椒粉

（smoked paprika）　2-3 茶匙

芫荽　1 把

**作法**

1 將軟絲清理乾淨，摘除墨囊、內臟。

2 用鹽、胡椒及紅椒粉調味。

3 黃檸檬切片，將檸檬片塞進軟絲內。

4 在軟絲表面塗抹油（葡萄籽油、玄米油、葵花油等植物油均可），以煙燻紅椒粉、鹽、胡椒等調味料。

5 烤箱預熱 250° C，10 分鐘。

6 烤盤鋪上料理紙，將軟絲放上去，送進烤箱 250° C 大約烤 7-8 分鐘，中間可以再刷一次油。

7 準備炙燒烤盤（或平底鍋），將從烤箱出爐的軟絲炙烤上色。

8 擺盤：將烤好的軟絲擺盤。撒上切碎的芫荽、胡椒粉、檸檬皮，淋上橄欖油及檸檬汁即完成。

## Audrey 美味提點

1　這道食材是用台灣野生的澎湖軟絲來製作，肉質較厚且帶有嚼感。將檸檬塞進軟絲肚內再進烤箱燒烤這步驟，可以讓軟絲帶有檸檬香氣，也增加些微酸度。軟絲因為肉質肥厚，建議先用烤箱烤 5-8 分鐘再放置烤盤上炙燒，比較節省時間。

2　塗抹煙燻紅椒粉在軟絲表面，能讓軟絲帶有更強烈的煙燻香味。紅椒粉 paprika、辣椒粉或乾辣椒粉，是以紅辣椒或紅椒研磨而成的香料，可以選擇自己喜歡的辣度來料理。

3　沒吃完的軟絲可以再用白酒、蛤蜊、香料去燴煮。軟絲煮的時間越久，肉質就越軟爛，可以延伸出多種料理。

# 烤去骨鯖魚佐番茄紅洋蔥小黃瓜

Baked mackerel fillet with tomatoes,
purple onion and cucumbers salad

## ▌ 材料（2-3 人份）

醃製挪威鯖魚　1 片

（或新鮮去骨鯖魚菲力）

熟透番茄　1 個

或小番茄　10 個

紫洋蔥　1/3 個

小黃瓜　1 條

● **油醋醬**

> 檸檬汁　20ml
>
> （可用蘋果醋、白酒醋或
> 任何種類果醋）
>
> 冷壓橄欖油　50ml
>
> 蜂蜜或楓糖　約 1 茶匙
>
> 巴薩米克醋　15ml
>
> 乾燥香料　少許
>
> （蒔蘿 Dill、百里香）

## ▌ 作法

1 將鯖魚片用廚房紙巾擦乾，淋上少許橄欖油用烤箱 170°C 約 12-15 分鐘，烤到金黃。沒有烤箱也可用不沾鍋煎製，撒上胡椒粉及少許檸檬皮（視個人喜好酌量，不加亦可）。

2 番茄切成 8 瓣（小番茄對切）。紫洋蔥切薄片泡在冰水裡，小黃瓜用刨刀削出薄片。

3 將橄欖油、檸檬汁 15ml、巴薩米克醋、蜂蜜、乾燥香料、鹽及胡椒，用調理機打成乳化醬汁，或者用空瓶將所有材料混合搖勻。

4 用大平盤將小黃瓜片捲起放在盤上，依序擺上番茄、紅洋蔥及羅勒葉。

5 烤好的鯖魚切成 6 塊左右，檢查骨刺是否去除。放在步驟❹的沙拉上，再淋上做好的醬汁，擺放幾片羅勒葉及薄荷做裝飾。

## Audrey 美味提點

1　鯖魚屬於青背魚，魚油富含 omega3 不飽和脂肪酸，是魚類裡 EPA、DHA 含量相當高的魚，能保護心血管，預防腦部老化，也能幫助人體代謝三酸甘油酯及膽固醇，建議每週攝取 2-3 次。

2　傳統吃法是用烤或煎，搭配米飯食用；這份食譜則是設計成開胃沙拉，搭配番茄、小黃瓜及紫洋蔥，淋上酸甜油醋醬，再用濃郁魚鮮味搭上清爽有口感的蔬菜沙拉，提供不一樣的飲食體驗。

3　紫洋蔥能鞏固肌膚膠原蛋白、降血脂，具有殺菌、抗氧化的功效，營養價值高，建議可常食用。生食時先泡過冰水，可去除一點嗆辣味道，亦可保持爽脆口感。

# 紙包白酒酸豆鱈魚

### Baked paper wrapped cod with white wine and capers

**▌材料（2-3 人份）**

切片鱈魚　1 片（約 600g）

洋蔥　1/2 個

酸豆　20 個

蒜苗　1/2 支

白酒　30ml

橄欖油、鹽、胡椒、檸檬皮　少許

芫荽　1 把

**▌作法**

**1** 洋蔥切細絲，蒜苗使用白色部分切絲備用。

**2** 烤盤鋪上烤盤紙，把所有食材放上，淋白酒及撒上調味料，再將食材用料理紙整個包覆。

**3** 烤盤放入烤箱以 200°C 烤 15-20 分鐘。

**4** 烤好之後，將整個包好的魚連同料理紙盛出，打開料理紙，在魚上撒點芫荽，淋少許冷壓橄欖油即完成。

## Audrey 美味提點

1　酸豆的鹹香、肉質細緻的鱈魚，加上爽脆的洋蔥及帶點檸檬皮精油的香氣，搭配糙米飯享用，很適合用來當作便當菜，是再忙也能快速做好的一道料理。

2　酸豆又叫刺酸柑，是一種花苞，醃製前非常苦澀，但經過鹽水醃製後苦味降低，鹹酸的特色及風味經常在料理中扮演小兵立大功的角色；有別於鹽跟檸檬，提點出不一樣的風味層次。常見於義大利麵、肉類或蔬食料理中。

3　蒜苗若非當季時令，可以不使用。若有大蒜或是茴香莖塊，可以切一點放入增加口感與香氣。或者也可以放一些蛤蜊一起烤。

4　料理中添加酒能帶來不一樣的風味，包括酸、鮮與甜味。烹煮時加入葡萄酒能幫助脂肪溶解，產生脂化反應，生成特殊香氣。除了提鮮及提高料理層次外，葡萄酒裡含的白藜蘆醇，是非常棒的抗氧化多酚。適量的品飲葡萄酒也是地中海飲食的一部分。

# 溏心鮭魚佐開心果跟果乾北非小米

## Pan-fried salmon with pistachios and dried apricot couscous

### 材料（3-4 人份）

去骨鮭魚菲力　2 片
（約 700-800g）
扁葉巴西里　2 把
奶油　20g

●香草束

蒔蘿　1 把
百里香　2 支
鼠尾草　大約 10 片

●開心果跟果乾

去殼開心果　30-40 個
杏桃果乾　4-6 個

●北非小米及香料

北非小米（couscous）50g
薑、茴香粉、肉豆蔻粉　1 小撮
清水　100ml
檸檬橄欖油　15ml
檸檬刨皮擠汁備用　1 個

### 作法

1 將北非小米放在一個耐熱的容器裡，用一個小鍋裝 100ml 的水，並加入少許鹽、薑、茴香粉、肉豆蔻粉煮滾，倒入裝有 50g 北非小米的容器內攪拌一下，鍋口包上錫箔紙靜置 5 分鐘即可打開。拌入檸檬橄欖油、半個檸檬的皮，待冷卻後再拌上切碎的開心果及杏桃乾。

2 鮭魚表面撒上少許鹽，包覆保鮮膜放進冰箱稍微放半小時。

3 鍋子加入奶油及少許橄欖油（或花生油、酪梨油），將鮭魚皮朝下煎製。煎的過程中擺香草束在魚旁的油上。用中火讓魚皮酥脆，鮭魚肉變粉色達到整片菲力的一半。期間可以用淋油法，拿湯匙將帶有香草味的油淋在表面，讓魚肉加溫，然後翻面。魚肉熟透的顏色離中間約 2-3cm 左右，即可熄火靜置 10 分鐘，切開後可看到仍帶有一點點溏心部分。

4 把北非小米鋪在盤底，再將煎好的魚放上，灑點切碎的巴西里，旁邊淋一些冷壓初榨橄欖油即完成。

## Audrey 美味提點

1 魚肉只烹調 7-8 分熟帶點溏心，鮮嫩不乾柴；香草的香氣更增添了味道層次。這道食譜連我周遭不愛吃鮭魚的人都被征服了，真心覺得好吃。

2 沒吃完的鮭魚第二天用手撕成碎肉，打 2-3 個蛋一起入鍋炒成鮭魚炒蛋。放在烤好的麵包上，再加片 cheese，立刻變身一道早餐料理。

3 冷鮭魚還可以加上奶酪起司（Cream Cheese）及蒔蘿香草（乾燥或新鮮都可以）、海鹽做成鮭魚抹醬，搭配全麥吐司或歐式麵包做成三明治，營養又美味。

# 小番茄酸豆橄欖煎鱸魚

## Pan-fried sea bass with cherry tomatoes and capers

### ▍材料（2-3 人份）

去骨鱸魚菲力　2 片

去籽綠橄欖、黑橄欖　各 10 顆

酸豆　10-15 個

小番茄　10-15 個

鯷魚　3 條

扁葉巴西里　1 把

蒜瓣　3-4 瓣

檸檬　1 個

白酒　30ml

紅、黃椒　各半個

### ▍作法

1 將鱸魚去骨取出菲力，用橄欖油、鹽少許塗抹在魚肉上，放冰箱備用。

2 小番茄切半，巴西里切碎，橄欖切半。

3 蒜頭切薄片用小火煎至金黃，取出備用。用蒜油煎鱸魚，皮朝下煎金黃熟透後翻面。

4 放入鯷魚，1 分鐘後加入番茄、橄欖，待番茄稍微軟化出汁，再加 30ml 的白酒或少許水，繼續稍微煮一下，可轉大火收一點汁。

5 將魚盛盤，把鍋內的食材、醬汁淋在魚上，再鋪上金黃色的蒜片即完成。

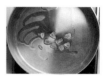

## Audrey 美味提點

1 通常我會去傳統市場買整條新鮮的鱸魚，請魚販把魚菲力跟魚頭、魚骨分開。菲力用來做食譜裡的料理，魚頭跟魚骨拿來熬湯，加一些西洋芹、洋蔥、胡蘿蔔及薑片，以小火不加蓋約煮 1 小時。過濾後的高湯可做海鮮麵、粥、燉飯等等，也可以加上蛤蜊、魚片做成海鮮湯。

2 鱸魚膠質豐富，是手術後補充蛋白質及膠原蛋白的最佳食物，建議一週吃 2 次以上。食譜中加白酒或水的部分可酌量；番茄若出水較多，就減少外加的水分，此步驟主要是讓魚肉鮮嫩不乾柴。做法中加入鯷魚可以提鹹跟鮮味，調味時便可減少鹽的用量，只要在魚菲力抹上薄薄的鹽即可。不喜歡鯷魚味的人也可以不放。記得蒜頭要小火慢慢煎到金黃，煎焦會釋放苦味。

# 鮪魚玉米餅沾酸黃瓜優格醬

## Canned tuna and corn patties with cucumber yogurt sauce

### ▌材料（2-3 人份）

● **鮪魚餅**

鮪魚罐頭　1 罐（約 200g）

玉米罐頭　半罐（100g）

雞蛋　2 個

麵包粉　約 30g

（可用燕麥 1/2 杯打成粉取代麵包粉）

第戎芥末醬　1 湯匙

芫荽或扁葉巴西里　1 把

洋蔥　1/2 個

西洋芹　1-2 支

檸檬皮　少許

大蒜粉、洋蔥粉　少許

● **黃瓜薄荷優格醬**

檸檬皮　少許

小黃瓜　1/2 條

希臘優格　150ml

薄荷葉　10 片

### ▌作法——鮪魚餅

1. 洋蔥、芹菜切細碎，用油小火炒至透明放涼。（喜歡洋蔥生脆口感的人，可以省略先炒過的做法）

2. 將步驟❶及鮪魚餅的其他食材在一個大盆中充分混合。刨一點檸檬皮，用手攪打

到帶有黏性後，做出一個個像漢堡肉的大小，壓成扁餅狀。

3. 將步驟❷的餅沾一點麵粉（也可省略），入鍋以中小火煎到兩面金黃，再送進烤箱以 170-180°C 烤約 15-20 分鐘。若沒有烤箱可用小火慢慢煎至兩面熟透。

### ▌作法——黃瓜優格醬

小黃瓜切細丁，與希臘優格、切碎的薄荷葉一起，加鹽、胡椒混合，做成沾醬。

### Audrey 美味提點

1. 裡面加入的麵包粉可將全麥吐司烤乾或者以乾掉的歐式麵包打成粉狀取代；吐司烤乾要用低溫（90-110°C）慢慢烘烤，或將拌沙拉用的袋裝乾麵包，打成粉狀。麩質過敏的人可選用燕麥粉或是穀粉來代替。蛋的數量越多，成品會越堅實，煎的時候也可以讓表面更金黃酥脆。

2. 除了鮪魚罐頭，也可以選用自己喜歡的魚類罐頭來製作。若選用油漬的鮪魚，請盡量挑選橄欖油漬。除了做食譜裡的魚餅，鮪魚、鯖魚罐頭也可以作為沙拉、三明治等夾餡食材，是時間緊湊時一種相當便利的料理食材。

# 煎魚肚排佐鰻魚綠白花椰菜

## Pan-fried fish fillet with sauteed mix vegetables

**▌ 材料（2-3 人份）**

魚肚排　2 片（旗魚、鮪魚皆可）

綠花椰菜　1 小顆

白花椰菜　1 小顆

鰻魚　3-4 片

蒜頭　2-3 瓣

乾燥蒔蘿香草　1 茶匙（也可不用）

白胡椒　1 茶匙

水或高湯　100ml

（任何雞高湯或蔬菜高湯皆可）

奶油　約 15g

檸檬汁　少許

**▌ 作法**

1 綠白花椰菜除去中間的梗，切成約 2-3 公分大小。在加鹽的滾水中川燙 1 分鐘，過冰水備用。

2 蒜頭切薄片，用橄欖油低溫煎至兩面金黃，取出備用。

3 鰻魚放入鍋內用小火融化，把步驟❶的花椰菜放入炒約 3-5 分鐘。

4 魚肚排用胡椒鹽調味，用不沾鍋加油煎，以中小火慢慢將兩面煎至金黃。撒上乾燥蒔蘿香草、白胡椒少許，煎好後從鍋中取出放置一旁。

5 用 100ml 的水或高湯注入煎魚排的鍋子，利用湯汁濃縮鍋底的魚肉鮮味至剩下 1/3 量。再加入少許奶油讓湯汁乳化，當作淋醬。

6 擺盤：將炒好的綠白花椰菜置於盤內，放上煎好的蒜片，中間放入魚肚排再淋上醬汁，擠點檸檬汁即可。

## Audrey 美味提點

1　將蒜片煎至金黃取出，再料理蔬菜，可以保留蒜片的酥脆口感。用蒜油融化鰻魚拌炒綠白花椰菜，濃郁鮮香的鰻魚能夠提出鮮甜蔬菜更多風味。鰻魚營養價值高，含有豐富蛋白質、不飽和脂肪酸及多種維生素與 DHA，適量食用可健腦益智。

2　魚肚油脂含量豐富，只需簡單烹調，就能享用肥腴的海鮮料理。利用煎魚時鍋內留下的油脂肉渣以高湯濃縮，再加入少許奶油乳化，就能夠製作成濃稠美味的醬汁。醬汁是料理的重要關鍵，能增加食物的味道，也可以保持魚肉的溼潤。

# 安格斯牛肉絲拌烤蘆筍與時蔬

## Sauteed beef fillet with roasted vegetables

### ▎材料（2-3 人份）

草飼安格斯牛肉絲　600g

蘆筍　300g

彩椒　2-3 個

紅洋蔥　半個

馬鈴薯　1 個

● 牛肉醃料

英國伍斯特醋

（Worcestershire）　30ml

（或本地產的烏斯特香醋）

冷壓初榨橄欖油　20ml

● 紅洋蔥醃料

水 200ml ＋冰塊

檸檬汁或白醋　20ml

糖　15g

鹽、胡椒、橄欖油　少許

迷迭香　1 枝

### ▎作法

1 將牛肉絲用醃料醃製，置於冰箱約 30 分鐘。

2 馬鈴薯切成 2cm 塊狀，淋上橄欖油、鹽、胡椒、迷迭香，入烤箱 170°C 烤 30 分鐘。

3 蘆筍將尾部較多纖維的外皮刨掉約 3cm，放入加鹽的沸水中川燙 1 分鐘，接著過冰水備用。彩椒去籽切半。

4 紅洋蔥切細絲，泡在冰水裡 10-15 分鐘，再放入加糖的檸檬汁或醋裡。

5 加熱平底烤鍋，放入蘆筍及彩椒，烤到食材上出現焦痕再取出。

6 將牛肉絲入鍋，加少許油炒至八分熟。撒少許鹽、胡椒調味起鍋。

7 擺盤：將牛肉置入彩椒中，再放入烤好的蘆筍、馬鈴薯及醃製過的紅洋蔥絲。

## Audrey 美味提點

1　牛肉絲用橄欖油及伍斯特醋醃製過再炒，肉質會比較軟嫩入味。我很喜歡用這個方式來料理牛肉，因為伍斯特醋含有醋、糖蜜、鯷魚、辣根、生薑、洋蔥、胡椒等等辛香料，非常提鮮，不少賣場都買得到。若手邊沒有也沒關係，可用橄欖油、鹽、糖、一點點醋，稍微醃製也可以。炒過的牛肉搭上烤蔬菜及醃製的紅洋蔥十分對味，帶便當也超好吃。

2　安格斯草飼牛肉來自放養在寬闊牧場，食用新鮮牧草的牛隻，台灣進口來源主要為澳洲及紐西蘭。那裡的牛肉富含 β 胡蘿蔔素、維生素 B 群、礦物質硒跟鋅及優質蛋白質，品質優越；且肉質精瘦，烹調時可先以油跟少許鹽醃製，增加肉質的油潤。

# 香草辣椒拌水煮牛肉片

## Poached boneless beef short ribs with herbs and chilis sauce

### ▌材料（2-3 人份）

去骨牛小排火鍋牛肉片
300-500g

辣椒　1 條

蒜瓣　3-4 個

鹽　少許

冷壓初榨橄欖油　30ml

英國伍斯特烏醋

（Worcestershire）　30ml

（或一般烏醋）

●香草

芫荽　1 把

巴西里、迷迭香　少許

### ▌作法

1 辣椒去籽切細絲，蒜頭切
細，香草切碎，加入橄欖油
及伍斯特醋拌成醬汁。

2 火鍋牛肉片快速川燙，拌入
步驟❶的醬汁中，用幾片香
草做裝飾即完成。

## Audrey 美味提點

1　與中式料理略有不同之處，是運用英國伍斯特醋與西洋香草，帶來新鮮風味。伍斯特醋包含
鹹味：鯷魚、鹽；酸味：羅望子和醋；甜味：糖蜜跟糖；一些辛香料：辣椒、大蒜、丁香等，
很適合當作提鮮之用。從凱薩沙拉、經典肉餅到 Bloody Marry 血腥瑪莉調酒，都可加入。
也是英國及一些歐式料理常用的醬，鮮味濃郁，適合肉類燉煮或快炒。運用在番茄紅燒料理
中，可以增添鹹香及甜味。若家中沒有也沒有關係，可擠一點檸檬汁或者果醋加上醬油、蜂
蜜來替代。

2　建議選用帶油花的牛肉，去骨牛小排是首選，也可以用任何火鍋肉品取代。

# 橫膈牛排佐沙拉

## Pan roasted beef skirt steak with green salad

---

**▍材料（2-3 人份）**

橫膈牛肉（skirt steak）
約 400-600g

胡椒、鹽　少許

**●爽脆沙拉**

　蘿蔓生菜　1 把

　水果玉米　1 根

　四季豆或敏豆　100g

　馬鈴薯　2 小顆（或 1 大顆）

　彩椒　2 個

**●油醋醬**

　冷壓初榨橄欖油　60ml

　檸檬汁　20ml

　黑胡椒　少許

　鹽　少許

　巴薩米克醋　10ml

　椰糖或楓糖　5g

　（視個人喜好添加）

**▍作法**

1 去除牛肉表面過多的筋與油脂，露出裙狀的瘦肉部位，用鹽跟胡椒調味。

2 將四季豆用加鹽的滾水川燙約 2-3 分鐘，過冰水備用。馬鈴薯切塊，跟玉米一起放入電鍋蒸，待熟後再淋上橄欖油在鍋裡煎到兩面金黃。

3 將蘿蔓洗淨放入生菜脫水器瀝乾水分，彩椒切絲。

4 把油醋醬所有食材放在乾淨的空瓶裡，蓋緊蓋子充分搖勻。

5 平底鍋或鑄鐵烤鍋加熱，將牛肉煎 1 分鐘，翻面再煎 1 分鐘至表面微焦，約 7-8 分熟為佳（也可以全熟）。

6 將油醋醬淋上沙拉拌勻，置於盤上，再將牛肉放在旁邊即可上菜。

## Audrey 美味提點

---

Skirt Steak 橫膈牛肉也稱裙帶牛排，是從牛橫膈肌中切下帶有筋、肉、油花的部位。口感鮮嫩有咬勁，風味質地比側腹牛排或其他部位具有更濃郁的牛肉味。煎過的牛排肉質鮮美多汁，濃郁香氣可以充分享受到燒烤的美味，不論是煎、烤、滷、燉都很適合，即使燒烤至全熟也不會乾柴，十分耐煮，特別推薦給不想吃半熟牛排的人，且價格也比菲力、肋眼便宜，值得試試。

# 彩椒黑橄欖番茄燴去骨雞腿

## Pan-fried chicken thigh with tomatoes, olives and bell peppers

---

**▌ 材料（2-3 人份）**

去骨雞腿　2 隻

烤好的彩椒　4-6 片

黑橄欖（去殼）　8-10 個

酸豆　20 顆

小番茄　10 個

扁葉巴西里　1 把

**▌ 作法**

1 去骨雞腿用鹽、檸檬皮、一點油塗抹，醃 30 分鐘以上。入鍋煎至兩面金黃（帶皮面先煎幾分鐘，讓皮的脂肪釋放出來）。

2 翻面後續煎幾分鐘，將烤彩椒、黑橄欖、酸豆、小番茄放進鍋內。若放置冰箱的烤彩椒有水分釋出，可倒一些水進鍋內，或者加一點點白酒，讓食材更容易混合，釋放出不同風味。

3 待雞肉熟透，分切數塊盛盤，撒上切碎的巴西里及綜合胡椒即可。

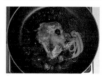

## Audrey 美味提點

1 酸豆、黑橄欖及彩椒的組合，是我做地中海料理不可或缺的食材；將預先烤好的彩椒去皮，放在玻璃容器內，表面淋上橄欖油，可存放冰箱保存 3-5 天。彩椒烤過會出水，汁液不要丟棄，可以加進料理，增添煙燻的風味。金黃雞腿肉搭配這幾樣食材鹹香味美，十分下飯。

2 料理去骨雞腿時盡量帶皮，用少許的油煎，雞腿的油脂比較容易釋出，表皮酥脆。如果採用較厚的半土雞、放山土雞腿等，建議用本書食譜介紹的「鹽水醃製法」，先將雞腿醃製一晚。一隻半土雞腿份量，可用 1000ml 水加 20g 鹽，放入冰箱大約 6 至 8 小時。經過鹽水醃漬，可讓雞腿肉變軟嫩且含有均勻的鹹度，解決因料理時間短，鹹度不容易入味的問題。

3 搭配糙米飯裝入便當，再加上綠色蔬菜或沙拉，就是一道相當美味的便當料理。

# 牛肝菌栗子燴雞腿

Porcini-braised chicken thighs with mushrooms and chestnuts

**材料（2-3 人份）**

去骨雞腿　2 份（約 1000g）

洋蔥　1 個

紅蘿蔔　1 條

芹菜　3 支

蒜頭　3 瓣

紅蔥頭　3 瓣

乾燥牛肝菌　20-25g

新鮮剝殼栗子　150g

榛果　10 顆

蘑菇　300g

黃檸檬　1 個

新鮮巴西里　1 把

**作法**

1 牛肝菌用熱水泡 30 分鐘，再用豆漿布過濾泡菇水。牛肝菌擠乾後，放在水龍頭下用流水沖洗 2-3 次，備用。

2 2 份去骨雞腿切成 6-8 塊，將黃檸檬切薄片，塞在雞皮底下，用鹽、胡椒調味，將雞腿兩面煎至金黃。

3 栗子放入電鍋蒸軟、榛果烤至酥脆。

4 鍋子放橄欖油，將洋蔥、胡蘿蔔、芹菜炒 5 分鐘，加入蒜頭、紅蔥頭繼續炒到蔬菜變軟帶出香氣。放入煎過的雞腿肉，將雞皮朝上，陸續

放入蒸過的栗子、牛肝菌，再倒入牛肝菌水，加鹽調味，放在可以進烤箱的鍋子裡用 180°C 烤約 20 分鐘。（若不使用烤箱，可以用中小火續煮 10 分鐘，湯汁不要超過雞皮即可。）

5 將蘑菇去蒂切片，淋上少許檸檬汁。

6 將燉雞從烤箱移出，放到爐火上，開小火將蘑菇放入煮 5 分鐘。灑上新鮮巴西里、榛果、加入少許胡椒，搭配馬鈴薯泥或煎過的馬鈴薯即完成。

## Audrey 美味提點

1　雖然栗子像果仁、花生一樣屬於堅果類，但它屬於低脂肪食物，而且因所含的碳水化合物比其他堅果高，故能當成主食類。尤其含豐富維他命 C 和礦物質鈣、鎂、磷等，因此無論烘焙、中式或西式料理，都常看到栗子的運用。

2　雞肉是非常滋補的食材，這道栗子燉雞加上牛肝菌跟蘑菇的組合，不但味道鮮美，牛肝菌的香氣和栗子的香甜，再搭配上榛果味道，讓料理呈現濃濃的北義大利風情。

# 酥炸紅椒粉雞胸肉

## Crispy fried chicken breast

---

**材料（3-5 人份）**

雞胸肉　2 份（約 800g）

雞蛋　2 顆

第戎芥末醬　2 湯匙

紅椒粉（paprika）　2g

麵包粉　20g

耐高溫油　350ml

（如芥花油或玄米油）

● **法式塔塔醬**

水煮蛋　2 個

酸黃瓜　4 條

洋蔥　1/2-1 個

美乃滋　100g

第戎芥末醬　1 湯匙

**作法**

1 將 2 顆雞蛋打勻，跟第戎芥末醬混合在一起。

2 雞胸肉切成條狀，放置在步驟❶的雞蛋第戎芥末醬裡，冰在冰箱約 30 分鐘。

3 取一個小鍋，將油加溫到可酥炸食物的溫度（以麵包粉測量，放進鍋中會立刻浮上來即可）。

4 將麵包粉與紅椒粉混合後備用。

5 雞胸肉從冰箱取出，用乾淨的夾子將肉沾上麵包粉，入鍋油炸。

6 雞胸肉油炸到兩面金黃色即可取出，放在鋪有廚房紙巾的盤子。

7 法式塔塔醬：將所有法式塔塔醬食材切碎混合在一起，當作沾醬。

## Audrey 美味提點

---

1　這是一道日常的炸雞料理，但是利用雞蛋跟芥末醬當作醃料，來增加炸雞肉質的鮮甜及軟嫩。除了雞胸肉，雞柳或任何雞肉部位都可以替代。

2　法式塔塔醬可以做多一些放在冰箱，除了用來沾炸雞，也可以當作三明治抹醬，或者沾麵包吃，是一道多功能的醬料。這道醬料含有水煮蛋、洋蔥、酸黃瓜及美乃滋，相當營養，很適合小孩食用。

# 豬肉黑橄欖鯷魚炒四季豆

## Sauteed pork tenderloin and
## green beans with olives and anchovies

▌材料（2-3 人份）

梅花豬肉　300g

　（或里肌肉、松阪肉）

四季豆　250-300g

黑橄欖（去籽）　6-8 個

鯷魚　3-4 片

大蒜粉、洋蔥粉　各 1 茶匙

鹽、胡椒　適量

冷壓初榨橄欖油　少許

蒜頭　2 瓣

▌作法

1 四季豆用鹽水川燙 5 分鐘，泡冰水，備用。

2 黑橄欖切碎。

3 梅花肉切片，以少許鹽、橄欖油、胡椒醃製，放入冰箱 30 分鐘。

4 鍋子加熱，放少許橄欖油，將蒜片炒至金黃備用，再以小火將鯷魚化開，放入豬肉片或肉絲快炒。加入黑橄欖、四季豆，再放蒜粉及調味料，起鍋前淋一點冷壓初榨橄欖油，增加一點香草香氣即可盛盤。

## Audrey 美味提點

1 這道料理有點像中式快炒，但是我們先川燙蔬菜，再用中小火低溫烹飪，減少食材在高溫中料理，同時利用鯷魚的鹹香及黑橄欖帶出地中海風格，不僅可減少用鹽，也增加鯷魚的蛋白質的攝取。出餐前淋上冷壓初榨橄欖油，增添香草風味，令料理搖身變成地中海美味。

2 可以選擇去籽橄欖方便料理；醃製橄欖是義大利料理常見的食材，可當開胃小菜、餐前酒的最佳搭配。因為是醃製品，所以口味偏鹹，因此我習慣將橄欖入菜，用其增加料理的層次。

3 1kg 左右的梅花肉或里肌肉，可事先用 2000ml 水、40-50g 的鹽醃製（Brine-curing）一晚，隔天將肉取出切成數塊分裝，放在冷凍櫃保存。需要料理時，只要解凍切片就能炒菜，並且保持軟嫩口感。因為醃過鹽水，肉本身有均勻鹹度，跟蔬菜一起料理時，只需要再加少許的調味即可，十分推薦這個備餐技巧。

# 炙燒豬肉茄子盅

## Sauteed minced pork and eggplants with parmigiano reggiano

---

### 材料（3-5 人份）

日本圓茄　2-3 個

豬絞肉　300g

洋蔥　半個

西洋芹菜　2 根

紅蔥頭　3-4 瓣

蒜頭　3-4 瓣

洋蔥粉、大蒜粉　少許

綜合胡椒粉　少許

巴薩米克醋　10ml

帕瑪森起司磨粉

（parmigiano）　40g

● 乾燥綜合義大利香料　2g

以奧勒崗 Oregano 與羅勒為
主，混合比例不等的巴西里、
迷迭香、百里香、鼠尾草、龍
蒿、月桂葉、牛膝草

### 作法

1 圓茄對切，茄肉挖出切丁，放入加少許鹽的冰水裡。

2 洋蔥和芹菜切細、蒜頭磨泥、紅蔥頭切細碎，放入平底鍋加少許橄欖油用中小火炒香。

3 加入豬絞肉繼續翻炒至所有食材香氣出來，再加入切丁的茄肉，繼續翻炒到豬肉呈金黃焦香，茄子變軟。

4 淋上巴薩米克醋，陸續放入乾燥的義大利香料、洋蔥粉、大蒜粉及少許鹽，完成前拌入一半的帕瑪森起司粉。

5 將炒好的豬絞肉跟茄子，放入已挖出茄肉的外殼，再撒上另一半帕瑪森起司粉，進入烤箱用 200°C 烤 10-12 分鐘，直到表面金黃焦香即完成。

---

### Audrey 美味提點

1 這是一道連不吃茄子的小孩都非常愛的料理。茄子跟豬絞肉炒香之後再加入綜合義大利香料、拌入帕瑪森起司，所散發的香氣真的會讓人難以抗拒。

2 建議可買整塊的帕瑪森起司現磨，放冰箱備用。這款義大利熟成硬質起司鹹香的特色及豐富油酯，可以帶給料理更深層的美味。有 12 個月到 36 個月不同的風味，越陳年越久，鹹香度越高，做燉飯、蔬菜、蛋料理都很適合。

# WEEKEND BRUNCH

## 幸福美味｜享受假日悠閒早午餐

睡到自然醒，是一件非常幸福的事。在慵懶又愜意的週末假日，很多家庭會不時地來個輕旅行，到景點順道享用飯店大廚準備的早午餐。其實，現在就算不出門也能有這樣的口福，這個單元就是分享如何用簡單步驟做出美味、繽紛且誘人的早午餐。

首先，在菜單的設計上，以家人聚會分享為主，與平日週間講求快速簡易的 Rush Hour 料理稍微不同，多了一些變化。在國外，夏季時也許來杯香檳、白酒，搭配著早午餐一起享用，讓假日增添一份浪漫的氛圍。而在冬日的週末，你也可以煮杯熱紅酒，不只暖胃，也暖了家人的心。

接下來展示的料理做法，包括義大利麵包盤、烘蛋、燉飯、蔬菜濃湯、烤餅等這些不分季節，不論老少、全家愛吃，也是在週末假日裡絕對不能缺席的佳餚。至於沒吃完的，千萬不要丟棄，放在冷凍櫃或冷藏室裡，需要時加點巧思，就可以迅速地變身成全新的美味餐點。

# 帕瑪森起司蛋佐黑松露醬

## Omelet with parmigiano reggiano and black truffle sauce

---

**▌材料（3-4 人份）**

蛋　6 個

黑松露醬　3-5 湯匙

帕瑪森起司現磨　30g

鮮奶油　20ml

鮮奶　20ml

新鮮扁葉巴西里　1 把
（或乾燥的少許）

**▌作法**

1 打蛋，加入帕瑪森起司、鮮奶及鮮奶油，用筷子或打蛋器打勻。

2 平底不沾鍋倒入橄欖油，再倒入蛋液，中小火用筷子輕輕攪一下，有點像做炒蛋，但不要將蛋分散，維持完整的蛋餅狀。轉小火讓蛋稍微熟，再磨一點帕瑪森起司及黑胡椒粉，加入松露醬即完成。

## Audrey 美味提點

---

1　秘訣是蛋不可過熟，所以剛開始加熱時用筷子攪拌，讓蛋仍然維持圓形狀，過程中將未熟的蛋液輕輕撥動到較熟的地方，直到沒有流動的蛋液，就能享受軟嫩的口感。再搭上濃郁的松露醬，配上烤酥的麵包，就是絕妙的美好享受。你也可以將蛋捲起，做成歐姆蛋捲，或將麵包抹上奶油乳酪（Cream Cheese）搭配松露蛋吃，滑嫩香濃的口感，極適合早午餐。

2　松露醬價格的高低，由內含的黑松露比例來決定。大部分的黑松露醬只含 3-8% 左右，其他成分大多是菇類，但雖然如此，仍有松露的香氣，非常搭蛋類料理。加一些在熱騰騰的蛋料理上，就能享受迸發出的味覺饗宴。新鮮松露最佳的吃法是直接刨在熱熱的料理上，呈現松露最好的香氣，這也是為何餐廳總是在用餐客人面前刨下新鮮松露的原因。

# 番茄彩椒燉蛋與帕瑪森起司餅乾

## Eggs purgatory with parmigiano reggiano crackers

### ▌材料（2-3 人份）

大番茄　1 個

烤彩椒　2 個

雞蛋　4 個

羅勒葉 / 九層塔　1 把

帕瑪森起司　30g

### ▌作法

1 將洋蔥切細，用油鍋炒至透明。

2 番茄切丁加入步驟❶，繼續翻炒至番茄出水軟化。

3 烤好的紅椒（若沒有預先烤好的，也可以用新鮮的紅椒切丁）加入步驟❷，加鹽跟胡椒。

4 將 4 顆蛋打入鍋子裡不攪動，讓蛋慢慢熟或者放入烤箱用上火 180°C 讓表面加熱 7-10 分鐘。

5 平底不沾鍋加入刨細的帕瑪森起司，用最小火慢慢融化起司成為一整片，然後小心地以烘焙用刮刀鏟出。待冷卻後，會變成像餅乾一樣酥脆。

6 把烤好的蛋拿出，撒上黑胡椒，將起司餅乾剝成一片片，放在蛋上面一起享用。

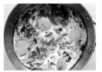

### Audrey 美味提點

1 這是我旅行到西班牙巴賽隆納，拜訪一位非常有名的美食部落客所經營的早午餐餐廳，品嚐到的料理，內有蔬菜、蛋及起司的豐富內容，若喜歡吃辣的人可以放一點墨西哥辣椒。裡面的配料可以依喜好自行變換，搭配沙拉及全麥麵包，就是輕鬆又營養均衡的一餐。

2 帕瑪森起司油脂含量很高，想做成餅乾有幾種不同的方式，包括：刨絲加上麵粉鋪薄薄一層進烤箱烤酥脆；或照著食譜，直接在不沾鍋中以小火融化起司。帕瑪森起司餅乾酥脆鹹香，搭配軟嫩的蛋，口感富含層次，很受孩子歡迎。可以在蛋鍋中加入莫札瑞拉起司，享受牽絲起司和濃郁奶香的美味口感。

# 義大利櫛瓜烘蛋
## Zucchini frittata

---

**材料（3-4 人份）**

雞蛋　6 個

洋蔥　1 個

櫛瓜　2 條

鮮奶油　30ml

鮮奶　30ml

帕瑪森起司　30g

費塔起司（Feta）20g

胡椒、鹽　少許

**作法**

1 櫛瓜切絲，用油炒 5-7 分鐘。

2 洋蔥切細丁。

3 雞蛋打散加入鮮奶油、鮮奶及帕瑪森起司（也可以不加）。

4 平底不沾鍋（把手是金屬的可以直接進烤箱為最佳）放入橄欖油或任何冷壓油，以小火將洋蔥略炒 2-3 分鐘，再將炒好的櫛瓜放入調味。接著把步驟❸的蛋液倒入，開中火用筷子快速攪拌，但是要保持形狀的完整性。待蛋在鍋中漸漸凝結成型，再放入烤箱用 170°C 烤大約 5 分鐘，蛋的表面呈現金黃色即可取出，完成烘蛋，最後在蛋上面灑點費塔起司。

## Audrey 美味提點

---

1 這個 Frittata 烘蛋，軟嫩的蛋帶著爽脆的洋蔥及櫛瓜，雖然簡單，滋味卻很豐富。內餡可以隨時替換，把冰箱的剩菜利用這方法，將沒吃完的鮭魚、鱈魚、青椒、彩椒、絞肉、馬鈴薯等等放入，這也是義大利人非常擅長的剩菜改良料理做法。

2 蛋料理要軟嫩，加入鮮奶及鮮奶油是其秘訣。若有乳製品過敏的人，可以用高湯、豆漿或水來取代。

3 這道料理很適合帶便當，加一些蔬菜和米飯即可；喜歡起司的人可以在上面刨多一點帕瑪森起司或費塔起司。不過要注意的是起司本身有鹹味，因此鹽量要斟酌放入。

# 水波蛋荷蘭醬與橄欖油拌菠菜

## Eggs benedict with hollandaise and sauteed spinach

### ▌材料（2-3 人份）

雞蛋　2 個

菠菜　1 把

全麥歐式麵包　2-3 片

烤過的去皮彩椒　3-4 片

白豆罐頭　1/2 罐

小番茄　10 個

● 荷蘭醬（Hollandaise sauce）

蛋黃　3 個

無鹽奶油　40g

白酒醋或檸檬汁　20ml

鹽、黑胡椒　少許

### ▌作法

1 製作荷蘭醬：用一個湯鍋裝水加熱，奶油先隔水融化，靜置一旁。另用一個有把手的小鍋放在湯鍋上，打入 3 個蛋黃，將蛋黃打勻，加入白醋或檸檬汁，隔水繼續打勻，至蛋黃呈現略白的顏色，再緩慢加入融化奶油，持續攪打到濃稠狀，即用湯匙舀起卻不會馬上流下時即可。加入鹽、胡椒及一點檸檬汁調味。

2 全麥麵包切丁，淋一點橄欖油，放入烤箱用 180°C 烤 10 分鐘，或直到麵包金黃酥脆（可以灑上帕瑪森起司一起烤）。

3 燙菠菜：將加鹽的水煮滾，放入洗好的菠菜川燙 1 分鐘，撈起拌入橄欖油、鹽跟胡椒調味。

4 用橄欖油炒白豆，加入乾燥的綜合香草、大蒜粉、洋蔥粉、鹽及胡椒調味。

5 水波蛋：準備一個深湯鍋，將水煮滾，放入 2 茶匙鹽、少許醋，將火轉到最小。用手持打蛋器將水快速攪拌，讓水旋轉形成漩渦，把蛋打在碗裡面，再輕輕地撥動漩渦的水，讓蛋白凝結在蛋黃上，約 1-2 分鐘撈起。放在廚房紙巾上吸附過多的水，就完成了蛋白凝固、蛋黃會流動的水波蛋。

6 擺盤：將白豆置於盤內，放入烤好的麵包丁，接著，將水波蛋放在白豆上面，周圍放上菠菜、彩椒及切半的小番茄。最後，在水波蛋上面淋上荷蘭醬，用刀子將蛋白劃開，讓蛋黃流出即完成。

## Audrey 美味提點

1　這道經典料理的另個名稱是「班奈狄克蛋配荷蘭醬」。做出完美的水波蛋與濃稠適中的荷蘭醬是這道菜的關鍵。煮蛋時旋轉出漩渦狀的水很重要，加醋則是為了讓蛋白容易凝固。

2　荷蘭醬是法式料理五大醬汁之一，需要持續不斷手打才能做出。隔水加熱可以避免蛋液很快煮熟凝結，邊攪打邊緩緩倒入加熱融化的奶油，可以緩慢地讓奶油與蛋黃、醋酸成功乳化。

# 托斯卡尼番茄麵包丁沙拉

## Panzanella

---

**▌材料（2-3 人份）**

新鮮大番茄　2-3 個

小黃瓜　2 條

紅洋蔥　半個

羅勒葉　1 把

乾麵包　1 個

（以法式棍棒、鄉村法國麵包等
歐式麵包為主，將其放置多天後
乾燥最適合）

檸檬　1 個

糖或蜂蜜　少許

冷壓初榨橄欖油　40-50ml

巴薩米克醋　約 20ml

**▌作法**

1 將番茄切塊，小黃瓜滾刀切塊，加一點鹽、糖、胡椒跟檸檬汁調味，放置 10 分鐘左右。

2 紅洋蔥切細絲放入冰水裡約 10 分鐘。

3 將乾掉的麵包切成塊狀放置一旁備用。

4 待番茄跟小黃瓜充分出水後，撈起拌入冷壓初榨橄欖油，再嚐嚐水的味道，確認酸、甜、鹹的平衡是否需要進一步調味。

5 步驟❸的麵包放入小黃瓜跟番茄釋出的水裡約 5 分鐘，待麵包吸飽了水分變軟即可。

6 紅洋蔥拌上小黃瓜與番茄，加上切碎的羅勒葉，淋上一點冷壓初榨橄欖油，將步驟❺的麵包放在上面，再淋上巴薩米克醋，就完成這道義大利經典沙拉。

## Audrey 美味提點

1 義大利料理中最經典的三個條件，就是簡單（simplicity）、好的食材（high quality of ingredients）以及重視季節性（seasonality），這道沙拉完整詮釋了這樣的精神。重點在於調味時要不停測試酸、甜、鹹之間的平衡；番茄帶酸、小黃瓜爽脆，建議在調味時可以放一點糖或蜂蜜，我自己喜歡放低升糖的椰糖。

2 義大利人不會輕易丟棄任何可以吃的食材，就連我們認為不適合再吃的麵包，只要加入巧思也可以變身為料理的主角。你也可以加入任何喜歡的沙拉葉或者莫札瑞拉、水牛起司，做成聚餐料理。麵包吸覆了湯汁，酸酸甜甜非常好吃。

# 義式小番茄麵包塔與無花果

## Cherry tomatoes bruschetta with figs salad

### 材料（2-3 人份）

小番茄　20 個

羅勒葉　1 把

檸檬　1 個

無花果　2-3 個

拖鞋麵包（Ciabatta）　1 條

蒜頭　1 瓣

特級冷壓初榨橄欖油（EVOO）

● 濃縮巴薩米克醋

　義大利巴薩米克醋
　（balsamico）　150ml
　蘋果汁　100ml

### 作法

1 小番茄切丁，淋上冷壓初榨橄欖油，擠一點檸檬汁與切碎的羅勒葉拌在一起。

2 無花果切 4 瓣。

3 拖鞋麵包切成 6 份，用橄欖油小火兩面煎到金黃。取出後，朝上那一面以蒜頭塗抹。

4 製作濃縮醋：年分低的義大利巴薩米克醋取 150ml，加上 100ml 蘋果汁，用小鍋以極小火讓混合液體濃縮成原來的 1/2，放在玻璃容器內隨時可用。

5 無花果淋上橄欖油跟巴薩米克醋，再撒上鹽、胡椒。

6 拿一個大盤鋪上麵包，把步驟❶的番茄鋪在上面，淋上步驟❸的濃縮醋，最後淋上一點 EVOO 橄欖油，擺上無花果沙拉即完成。

## Audrey 美味提點

1 義大利餐廳的菜單上常常會有這一道開胃盤，我家的週末早午餐及宴客料理也經常出現這道料理，因為簡單又美味，總是倍受歡迎。麵包外酥內軟襯托出小番茄的香甜，你也可以放上其他食材，如莫札瑞拉起司、費塔起司、烤茄子或烤彩椒，隨興發揮自己的創意。我試過不少麵包，最後採用拖鞋麵包（Ciabatta），做起來外酥內軟，效果最好。

2 最後淋上的濃縮醋，可說是起了畫龍點睛效果。年分越久的義大利巴薩米克醋，味道越濃縮更細緻，風味也越醇厚，但價格不菲。日常飲食中，我們並不需要總是使用昂貴的陳年巴薩米克醋，文中所示範的濃縮技巧，也可以讓年分較低的巴薩米克醋搖身變出濃郁香醇的風味。食譜中所用的是 3 年醋，濃縮後有陳年巴薩米克醋的質感，值得一試。如果沒有巴薩米克醋，用一般的果醋或雪莉醋也是可以，嚐起來有另一番風味。

# 茭白筍與雞肉起司烤餅

## Chicken and vegetable quesadilla

---

**▌ 材料（3-4 人份）**

雞胸肉　2 片（約 400g）

茭白筍　4 支

莫札瑞拉起司

（Mozzarella）　4-6 片

或者比薩專用起司　300g

奶油乳酪　約 50g

墨西哥餅　2 張

**▌ 作法**

1 雞胸肉用 1000ml 加鹽的水煮滾後，熄火燜大約 20 分鐘。用筷子試試中間是否滲出血水，若沒有表示已熟透，盛出切片（也可以直接煎熟）。

2 茭白筍用電鍋蒸熟或炒熟，切片。

3 取一片墨西哥餅或任何買得到的圓形餅，塗上奶油乳酪並放上莫札瑞拉起司，再鋪上切片的茭白筍與雞胸肉，若有蒜粉可以撒上。撒少許鹽、黑胡椒粉，將 2 片餅皮合起來，用平底鍋以不加油的方式，小火將兩面餅皮煎酥脆。

4 完成品切成 8 等份即可。

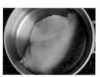

## Audrey 美味提點

1 這是一道老少咸宜的料理，茭白筍口感類似歐洲的朝鮮薊，是本地盛產的食材。蔬菜可以有多樣選擇，比如用紅洋蔥絲、烤彩椒來取代茭白筍，也很美味。肉類也是，冰箱裡有任何剩菜都可以再利用當作夾餡。

2 墨西哥餅是一個很好用的食材，有時候我會單獨煎餅來搭料理，無論是沾醬、包蔬菜、烤肉吃都很棒。小朋友超喜歡起司，加熱後會有拉絲的感覺，可以多放點蔬菜，讓孩子增加蔬菜攝取量。餅烤到酥脆再搭上蔬菜、肉類及融化的起司一起吃，口感超完美。

# 義大利橄欖油火腿起司熱三明治

## Italian prosciutto croque monsieur

**材料（3-4 人份）**

切薄片吐司　8 片

蛋黃　3 個

義大利帕瑪火腿

（Prosciutto di Parma）　4-5 片

現磨帕瑪森起司　40g

莫札瑞拉起司

（Mozzarella）　8 片

**作法**

1 將蛋白蛋黃分開，只使用蛋黃，蛋白留著備用。帕瑪森起司磨粉後加入蛋黃裡，攪拌均勻後，抹在吐司上。

2 將火腿放在麵包上面，再鋪上莫札瑞拉起司片，兩片麵包組合起來，切成 2 份或 3 份（瘦長型）。

3 用橄欖油煎三明治，小火慢煎直到麵包金黃酥脆即完成。

## Audrey 美味提點

1　這是義大利版本的 Croque Monsieur（法式熱火腿三明治），最大的不同是三明治裡面的抹醬。法式熱火腿三明治是用白醬 béchamel，而義大利版本的熱火腿三明治則是用蛋黃跟帕瑪森起司。做法也不一樣，食譜裡用的帕瑪火腿是用生火腿 Prosciutto crudo（熟火腿叫 Prosciutto cotto），也是這份三明治的靈魂主角，稱為 Parma ham。建議用這款火腿做熱三明治，鹹香火腿與帕瑪森起司搭配，入口的美味讓人彷彿置身義大利般！

2　剩餘的蛋白可做多種應用，這裡延伸介紹一道容易料理的綜合菇菇松露醬炒蛋白。選擇容易買得到的任何小型蘑菇，如：鴻禧菇、白菇；放入炒鍋中不加油、不加水、乾炒（因為菇會釋出很多水），然後繼續翻炒到菇菇的水分炒乾，再將新鮮迷迭香切得非常細碎，加入菇中，淋上冷壓初榨橄欖油，在加入大量的胡椒跟適量的鹽，盛起備用。接著在鍋裡加少許油放入蛋白，翻炒快熟時，加入炒好的菇、淋上黑松露醬一起拌炒，就是一道美味可口的料理。

# 暖薑椰奶胡蘿蔔湯

## Ginger and carrot coconut soup

**材料（2-3 人份）**

胡蘿蔔　2 條

洋蔥　1 個

薑　1 小塊

椰奶　1 罐

芫荽　1 把

茴香粉（或孜然粉）　5g

水或蔬菜高湯　400ml

椰子油　30ml

**作法**

1 將洋蔥切細、薑切丁、胡蘿蔔切丁，入鍋用椰子油炒軟，加水或高湯一起煮約 10 分鐘。

2 加鹽、胡椒、茴香粉，再倒入 1 罐椰奶稍稍煮熟後，全部移至食物調理機。

3 加入整把芫荽，一起打成湯品即完成。

## Audrey 美味提點

1 茴香對胃很好，加上薑、椰奶、胡蘿蔔，不但滋味迷人，顏色也很漂亮。若水分少一點，打出的成品較濃稠時，也可以當作沾醬或醬汁，搭配煎魚片（鱸魚）或者用蘇打餅乾沾著吃。

2 芫荽如果能買到有機的較佳。芫荽的芳香十分搭配這道湯品，不喜歡的人可以省略，也可將胡蘿蔔換成南瓜。

3 有些人不喜歡吃胡蘿蔔，可將這道湯品換一種方式料理，讓胡蘿蔔遇上椰子油、椰奶，散發出特有的香甜，可以讓原本不愛吃胡蘿蔔的人不知不覺喝上一碗。雖然食材不多，但每一種食材都非常營養；豐富的膳食纖維跟多種維生素及 β 胡蘿蔔素，能在促進身體新陳代謝中發揮抗氧化的作用。但要特別提醒的是，胡蘿蔔的升糖指數較高，有減重需求或須注意血糖控制的人，應斟酌攝取量。

4 秋冬季節時可以用保溫瓶盛裝，再搭配一份主食，就是暖心暖胃的美味便當。

# 義式培根義大利麵

## Spaghetti alla Carbonara

### ▋材料（2 人份）

義式煙燻豬頰肉

（Guanciale） 約 30g

（或一般美式培根 4-5 片）

蛋黃 2 個

佩克里諾羊起司（Pecorino）

與帕瑪森起司 各 20g

（或只用帕瑪森起司 40g）

義大利直管麵

（spaghetti） 160 克

水 20ml

### ▋作法

1 蛋黃打散，將帕瑪森、佩克里諾羊起司刨絲（買不到佩克里諾羊起司可以只用帕瑪森），混合進蛋液，加一點點水，稀釋蛋液的濃稠。

2 將義式培根切細條，用一點橄欖油以小火將油脂釋出，煎酥脆後撈出，同時間煮麵。

3 將煮好的麵撈到步驟❷的鍋中，快速攪拌或用鍋子一直翻麵。可以加一湯匙煮麵水繼續攪拌，熄火，拌入步驟❶的蛋液再快速攪拌，讓醬汁乳化均勻，濃濃地附著在麵上。撒上現磨黑胡椒，將麵盛盤上，把煎好的培根擺在麵上，就是一道非常經典的義式培根義大利麵。

## Audrey 美味提點

1 這道料理的美味關鍵是：溫度掌控＋熄火後再加蛋汁。只要能買到食譜上的所有食材，照著食譜的作法多練習幾次，並掌握訣竅，一定可以做出道地的義大利培根蛋麵。

2 記得不要加鮮奶油！我只加帕瑪森起司與佩克里諾羊起司（這款起司要到進口食材店比較容易買到），若是只用帕瑪森起司也可以。

3 雖然一般賣場較少見到義大利的 Guanciale 風乾豬頰肉培根，但卻是做這道料理的最佳食材，因為煎過後的酥脆感跟美式培根很不一樣。追求道地的 Carbonara 口味，不妨到進口食材商店採買。

# 綜合海鮮拼盤

## Mix seafood platter

---

**▌材料（5-6 人份）**

大蝦　3-5 隻

干貝　5 個

生蠔　5 個

扇貝　3 個

透抽　1 條

小魚　300g

櫛瓜　1 條

烤彩椒　2 個

無花果　3 個

冷壓初榨橄欖油　30ml

煙燻紅椒粉　1 茶匙

乾燥蒔蘿香草　1 茶匙

紅蔥頭　2 瓣

檸檬　1 個

海葡萄　1 盒

**●麵糊**

麵粉　100g

煙燻紅椒粉　1 茶匙

水、冰塊　適量

**▌作法**

1　大蝦去腸泥用竹籤串起。透抽去皮切兩段，一段切成環狀，另外一段則保持整片，灑上鹽調味。干貝跟扇貝淋上少許橄欖油、鹽跟胡椒調味。

2　紅蔥頭切細碎，加入半顆檸檬榨汁、少許鹽跟胡椒調味，將醬汁淋在生蠔上，覆蓋保鮮膜放進冰箱備用。扇貝放進烤箱，用 200°C 烤 5 分鐘。

3　小魚洗乾淨後，放在廚房紙巾上拍乾水分。用 100g 麵粉加 1 茶匙的煙燻紅椒粉，放入冷水及冰塊攪拌成麵糊。小魚沾麵糊油炸，炸後放置廚房紙巾上，撒上鹽跟胡椒備用。

4　干貝用不沾鍋放少許油，將兩面煎至金黃。用燒烤鍋將大蝦及透抽炙燒至熟透、表面焦香，淋上少許檸檬汁。

5　將櫛瓜用刨刀刨薄片，無花果切成 6 瓣，加上少許橄欖油、醋或檸檬汁及鹽調味。

6　擺盤：將處理好的海鮮、生蠔、蔬菜沙拉及海葡萄，擺放在大盤上，讓視覺看起來豐盛熱鬧！可以在海鮮上淋一些檸檬汁及冷壓初榨橄欖油，即完成這道料理。

---

## Audrey 美味提點

這道豐盛的海鮮大餐準備工作跟烹飪程序都很簡單，關鍵是依照每種海鮮的特性選用不同的烹飪方式。蝦跟透抽很適合在爐烤盤上炙燒；扇貝容易出水，所以進烤箱的時間要相當短，可以將烤箱溫度提高到 200°C，大約 5 分鐘，就能讓扇貝八分熟且帶點湯汁，口感完美！干貝可以炙烤也可以用平底鍋煎七分熟；新鮮生蠔適合生吃，不喜生食者可以將生蠔放進烤箱略烤一下；小魚用油炸可以保持酥脆及完整的外型。週末家庭聚餐、宴客時，端出一大盤的綜合海鮮，再配上香檳或白酒，一定能收到滿堂喝采，使賓主盡歡。

# 檸檬時蔬烤魚

## Grilled fish with lemon and vegetables

---

**▌材料（3-4 人份）**

中小型魚　3 條
（黃魚或其他中小型魚皆可）
彩色小番茄　10 個左右
大番茄　1/2 個
紅洋蔥　1 個
彩椒　1 個
蒜頭　2 瓣
蒔蘿（Dill）　1 把
蝦夷蔥（可用蔥取代）　1 把
扁葉巴西里　1 把
黃檸檬　1 個
綠檸檬　1 個
鹽、綜合胡椒　少許
白酒　20ml
高湯或水　30ml

**●香料奶油**

無鹽奶油 30g
鹽　少許
大蒜粉　1 小撮
洋蔥粉　1 小撮
乾燥綜合香草
（百里香、羅勒、巴西里、芫
荽、奧勒岡等各 1 小撮，可以
任選幾樣，或用新鮮香草替代）

**▌作法**

1 紅洋蔥切圓片，彩椒切絲置放烤盤上。

2 將香料奶油的食材充分混合拌勻。

3 黃、綠檸檬切片。

4 在魚上面放一點香料奶油，接著在魚上抹鹽放入步驟❶的蔬菜上，檸檬切片與巴西里放在魚肚內，烤盤底放入白酒與高湯，進烤箱 180°C 烤 20-25 分鐘左右。

5 將蔬菜跟魚一起盛盤，再放入一些彩色小番茄、淋上冷壓初榨橄欖油，刨一點檸檬皮即完成。

## Audrey 美味提點

---

1 這道料理作法非常簡單，只需要一個烤盤就能完成。海鮮跟蔬菜烤的時候不用再加錫箔紙，因為烤盤上有淺淺的液體，水蒸氣會讓魚肉保持溼潤，使肉質不會乾柴，且表皮金黃酥脆。紫洋蔥浸潤過高湯再烘烤，口感會更滑嫩好吃，內含的花青素及洋蔥素能讓料理的營養加分。食用時把烤盤內剩餘的湯汁淋上，撒上檸檬皮更能帶給海鮮料理一股清香。

2 可以選擇當季市場的鮮魚來製作，不論是黃魚、馬頭魚、金線鯛、小石斑、鱸魚等等都很適合。

# 勃根地紅酒燉牛肉

## Boeuf bourguignon

### ▍ 材料（3-5 人份）

去骨牛小排　1000g

洋蔥　2 個

蒜頭　6 瓣

紅蔥頭　6 瓣

胡蘿蔔　1 條

培根　100g

韭蔥（leek）　2 支

（或蒜苗白色部分　2 支）

西洋芹　6 支

紅酒　1 瓶（約 750ml）

紅酒醋　50ml

香料束　1 束

（扁葉巴西里 parsley、百里香、
月桂葉、迷迭香等容易取得的
香草）

麵粉　30g

### ▍ 作法

1 去骨牛小排切成約 4-5 公分
大小的塊狀。

2 洋蔥、胡蘿蔔、西洋芹、韭
蔥切塊（約 2 公分大小）。

3 準備一個大容器（鋼盆為
佳），將 1 瓶紅酒倒入，加
少許鹽，放入牛肉、香料束
及所有切好的蔬菜，用保鮮
膜封起來，放入冰箱 24 小
時醃製。

4 從紅酒醃料中將牛肉與蔬菜
分別取出，分開置放。

5 牛肉沾一點麵粉，在鍋中放
油煎至兩面金黃後取出。放
入洋蔥炒香，再加培根、紅
蔥頭及蒜頭。炒香後放入紅
蘿蔔與西洋芹，繼續翻炒至
蔬菜變軟，再把牛肉及香料
束放入。倒入醃製的紅酒煮
滾後，用鑄鐵鍋或可以的鍋
子，以 150°C 烘烤 2 小時。
（也可以直接在爐子上用小
火燉煮 2 小時。）

※ 建議可搭配馬鈴薯泥一起
食用。

## Audrey 美味提點

1 燉煮過的料理非常建議隔天食用，味道更融合。

2 這道料理採用經典道地的做法，先把食材浸泡在紅酒中 24 小時後再拿出來烹調，讓牛肉充分
吸收紅酒的精華，再透過中低溫燉煮讓紅酒牛肉充分入味。

3 經多次嘗試後，我推薦以去骨牛小排來做這道料理，嫩度與口感最佳。相對地，牛小排的價
格會比其他部位高，因此也可以用其他任何適合燉煮的部位來取代。

# 嫩煎鴨胸佐爐烤迷你胡蘿蔔

## Pan roasted duck breast with
## red wine balsamic sauce and roasted mini carrots

---

**▌材料（3-4 人份）**

鴨胸　1-2 塊

迷你胡蘿蔔　200g

無花果　3-5 個

**●醬汁**

> 洋蔥　半個
>
> 料理紅酒　50ml
>
> 巴薩米克醋　20ml

**▌作法**

1 取一個容器放入 1000ml 的水，加 20g 鹽及 10g 糖，將鴨胸浸泡在裡面，用保鮮膜封起來放入冰箱約 3-4 小時或者放隔夜。

2 迷你胡蘿蔔淋上一些橄欖油，撒上新鮮或乾燥百里香、迷迭香、鹽、胡椒，進 150-170°C 的烤箱，烤約 30-40 分鐘。

3 將鴨胸從容器中取出，以廚房紙巾將兩面拍乾，在表面劃上幾刀，讓表皮有劃痕。

4 取一個平底鍋放一點油，將鴨胸帶皮的那面朝下，小火慢慢地將鴨胸帶皮面煎到酥脆再翻面，放進烤箱用 200-210°C 烤 5-6 分鐘。如果家裡有食物溫度計，可以測量鴨肉中心溫度，待溫度達 65-68°C 時將鴨胸取出，靜置 6-8 分鐘。

5 洋蔥切細碎，放入帶有鴨油的鍋中，用中小火將洋蔥炒到透明，再加入紅酒。紅酒滾透之後，倒入巴薩米克醋，微微濃縮，再用網篩過濾，完成醬汁。

6 靜置 6-8 分鐘的鴨胸切塊狀放平盤，在鴨胸旁邊放上切塊的無花果，再把烤好的迷你胡蘿蔔放在無花果旁，淋上醬汁，即完成這道鴨胸料理。

## Audrey 美味提點

---

1 只要運用鹽水醃漬的簡易步驟，也可以在家享受如餐廳等級的鴨胸料理，甚至比餐廳的還要軟嫩好吃。經過鹽水醃漬過後，無論鴨肉料理熟一點或生一點，都不影響其軟嫩的口感。

2 建議用溫度計控溫，就能輕鬆掌握肉的熟度。

# 慢燉番茄豬梅花

## Tomato-braised pork shoulder butt

---

**材料（4-6 人份）**

梅花豬肉整塊　1000g

新鮮大番茄　3 個

洋蔥　1 個

紅蔥頭　5 瓣

蒜頭　5 瓣

番茄膏（tomato paste）　3 茶匙

英國伍斯特烏醋

（Worcestershire）　40ml

扁葉巴西里（或用芫荽）　1 把

**作法**

1　將豬梅花肉切大塊備用。

2　洋蔥切大塊，紅蔥頭、蒜頭切碎。番茄切大塊。

3　取一個深鍋，倒入少許橄欖油，將豬梅花肉放入鍋中兩邊煎至金黃，取出備用。

4　同一個鍋子加入少許橄欖油將洋蔥炒軟，再加入紅蔥頭跟蒜頭碎末，炒至香氣出來，然後加入番茄。大約炒 2 分鐘左右，再放入 2 茶匙的番茄膏，之後倒入伍斯特烏醋。

5　把煎好的豬肉放回鍋裡，加入水或高湯，水量以淹過食材為主，再用小火加蓋煮大約 1-1.5 小時，直到肉質軟爛。也可以將整鍋放入 150°C 的烤箱烤 1-1.5 小時，確認肉質軟嫩即拿出，在爐火上開中火稍微收汁。

6　煮好之後裝盤，淋上少許冷壓初榨橄欖油及切碎的香草即完成。

## Audrey 美味提點

---

1　這道料理的食材相當簡單，主要是利用蔬菜跟大量番茄來燜煮肉。番茄富含維生素、番茄紅素及礦物質鎂、鐵、磷，是非常營養的食材。尤其番茄煮過會釋放的茄紅素，被證實有防病抗老及預防攝護腺疾病的功效，是地中海飲食相當重要的功臣。

2　伍斯特烏醋很適合用來做番茄燉肉。豬肉部位可以選擇後腿肉、排骨等等，也可以用牛肉、雞肉來取代豬肉。煮好放置到隔日再食用味道更佳，不妨利用假日時煮一鍋備用。番茄梅花豬肉醬可以用來做義大利麵，或者搭配烤酥脆的麵包吃，風味非常棒。

# 開心果羊肋排

Roasted lamb chops with pistachio and
red wine chocolate sauce

---

### ▌ 材料（3-4 人份）

小羔羊肋排　1 包（約 600g）

開心果去殼　約 50 顆

迷迭香　1 把

薄荷　1 把

第戎芥末醬　3 匙

● 巧克力紅酒醬

> 70% 黑巧克力　50g
>
> 紅酒　100ml
>
> 烤羊排盤內剩餘的汁
>
> 辣椒粉　少許

### ▌ 作法

1　小羔羊抹上適量的鹽及放入切細的迷迭香、胡椒，用保鮮膜包覆後，放入冰箱冷藏數小時。

2　取出後用鍋子煎至金黃，放入烤箱 200°C 約 10-15 分鐘後，用溫度計測中心溫度達 62°C 左右即可拿出，靜置 5 分鐘。

3　將第戎芥末醬均勻抹在羊排上。

4　開心果包在布裡面用刀子壓碎，加一點鹽、胡椒及橄欖油，均勻抹在羊排兩面，再進烤箱以 200°C 烤大約 5 分鐘，將羊排取出靜置 5-10 分鐘。

5　巧克力紅酒醬：將烤盤內的醬汁置於爐上，以中小火加溫，倒入紅酒，讓紅酒與羊排醬汁充分混合，再將紅酒倒入小鍋加熱，直到酒精揮發。之後，加入黑巧克力濃縮醬汁，再放少許辣椒粉。

6　炒一些時令蔬菜、白花椰菜、櫛瓜放在盤上當配菜，搭配紅酒巧克力醬，再撒一點可可粉在白花椰菜上。羊排可以切開盛盤，或者人多時整份不切直接出餐，讓大家一起分享。

## Audrey 美味提點

---

1　因為製作程序不麻煩，這道小羔羊肋排很適合在早午餐享用，做為一份優質蛋白質來源。小羔羊排好吃的秘訣在於料理的熟度，所以盡量用溫度計測量中心部位，可避免太生或過熟，最佳狀態是切開後肉質略帶粉嫩的顏色。

2　開心果是義大利南部西西里島的名產，富含不飽和脂肪酸，是很好的油脂來源。所含維生素 B6 較其他堅果高，建議可經常食用，入菜也很棒。羊排與開心果是不少廚師擅長運用的搭配方式，再加上超級抗氧化的巧克力，營養又好吃，相得益彰。

# 起司大拼盤

Ultimate charcuterie board

---

**材料（6-8 人份）**

●起司

法國布里起司（Brie） 250g
藍紋起司　250g
（或任何起司 2-3 種）

●水果

葡萄　1 串
櫻桃　20 個
草莓　10 個
藍莓　30 個
無花果　5 個
（或任何季節性水果）

●堅果

開心果、榛果、腰果　各約 100g
（或其他堅果）

●火腿

義大利生火腿
（prosciutto crudo）　100g
臘腸或薩拉米（Salami）　100g
（或其他火腿、伊比利火腿）

●麵包

法式棍棒麵包（Baguette）　1 條
（或任何全麥、酸種、
布里歐麵包）
蜂蜜跟果醬

**作法**

用一個大盤將所有的食材置放在上面，可以參照圖中擺放方式，在悠閒的週末假日享用。

## Audrey 美味提點

1　起司大拼盤是各種聚會的經典開胃前菜，豐富華麗，可以一次享用眾多食材。

2　會選擇這些食材，除了視覺上美麗之外，食材跟食材之間也有奇妙的美味加乘效果。最棒的吃起司方式，就是搭配堅果跟水果或蜂蜜一起享用。油脂豐富的火腿跟薩拉米（Salami）搭配麵包或起司非常好吃，就算家裡沒有宴客，早午餐準備小份的拼盤搭配香醇奶茶、香檳或喜歡的葡萄酒，既享受又悠閒，週末就該如此！

3　藍紋起司表面有著許多的藍色斑紋，是因製造時加入黴菌使其發酵而形成，風味強烈。如果無法接受其特殊氣味的人，亦可換成法國硬質起司，如康提起司（Comté）、切達起司（Cheddar）等。

# CHEF'S SECRET

## 私房料理 ｜ 寵愛自己與家人

我常在家宴客，為各種聚會設計的私廚料理，總是讓曾經參與過的朋友至今仍念念不忘。Chef's secret 裡的食譜，不僅是我經常在家裡週末或宴客時候做的菜色，有些菜更是在烹飪教室開手作課時，帶著學生動手做的料理。學生回家後，發揮自己的創意，任意地組合讓家人及孩子吃得很開心。

雖然是較繁複的料理，但是執行並不困難，只是在材料準備跟烹飪的時間上稍長。建議一次可以多準備一些，分裝成小袋冷凍起來平日稍忙時解凍一下，就可以做成義大利麵，或者搭配多穀雜糧，變成美味的一餐。

其實，地中海飲食其中一個很大的特色，就是在週末時間大家聚在廚房備餐，放鬆心情，準備迎接美食的饗宴！Chef's secret 裡的食譜，很適合與家人、朋友一起下廚備餐，有說有笑，那種融洽的氣氛，讓共桌歡聚成為生活中最難忘的美好時刻！

此外，在減醣飲食裡有一件很重要的事，就是一週要有一兩次的 cheat meal「欺騙餐」，告訴身體：「不要主動降低新陳代謝！」所以不時也要吃吃較高熱量的餐點，讓身體保持正常的代謝功能，而這些私房料理剛好可以滿足偶爾的慰勞。

# 綜合蔬菜溫沙拉佐巴薩米克醋

## Mixed warm vegetables salad with balsamic dressing

| 材料（3-5 人份）

蓮藕　2 節

玉米筍　6-8 條

孢子甘藍　約 20 個

櫛瓜　2 條

彩椒　3 個

地瓜　2 條

茭白筍　2 條

巴薩米克醋　30ml

蘋果汁　30ml

扁葉巴西里　1 把

冷壓初榨橄欖油（EVOO）

冷壓椰子油　30ml

| 作法

1 蓮藕去皮切薄片，撒上少許鹽，用平底鍋煎熟至兩面金黃，或者淋一點冷壓初榨橄欖油及撒上 1 撮鹽後，進電鍋蒸熟。

2 孢子甘藍、玉米筍切半，用加鹽的水川燙後過冰水，再用橄欖油煎至兩面金黃。

3 茭白筍用橄欖油煎過，加一點水燜熟後直到微帶焦化盛出。

4 櫛瓜橫切約 0.5 公分厚，入鍋煎至兩面微焦化，或者淋上橄欖油用烤箱 180°C 烤 10 分鐘。地瓜切成片狀淋上椰子油及加 1 小撮鹽，用 180°C 烤 20 分鐘左右，地瓜變成金黃酥脆。

5 彩椒入烤箱用 160°C 烤 30 分鐘，拿出烤箱後用錫箔紙封 10 分鐘後，再將彩椒去皮或者用煎的方式保持脆度口感。

6 將巴薩米克醋與蘋果汁用小火濃縮成一半的量。

7 把所有烤好、煎好的蔬菜拌在一起，用鹽及綜合胡椒調味，再淋上橄欖油 EVOO。全部放在大盤上，最後淋上濃縮醋與切細的巴西里，即完成這道溫沙拉。

# Audrey 美味提點

1　每種蔬菜都有它各自的特性，用蒸或煎或烤，發揮最佳效果。不建議全部放在一起用大鍋炒，因為有些蔬菜加熱會出水，有些烤後會更有風味，分開處理各種蔬菜，雖然過程稍加繁瑣，但成果絕對讓人驚豔。

2　地瓜用椰子油烤過，不會突顯椰子油的味道，反而能讓地瓜別有風味。蔬菜料理必須了解其屬性，依據屬性做搭配，並用好油帶出食材的風味。料理雖簡單，卻宛如一首交響樂般譜出美妙樂章，讓食物既平衡又和諧。

3　除了材料中所列的食材，也可以加上任何季節性的蔬菜，例如茄子、花椰菜等。在秋天我會加一點柿子或柚子肉，冬天則可以用柑橘類的水果，讓整道料理增添水果的香甜味。這道菜很適合招待賓客，也可以做為隔天便當的蔬菜配菜，是我的宴客菜單中一直都會有的一道料理。

4　這道食譜用最基本的 3 年巴薩米克醋，加上蘋果汁進行濃縮，甜度較高，濃度也較稠，滋味與口感接近年分較久的陳年巴薩米克醋。淋在蔬菜上可以提升整體料理的盛盤效果及風味，是我常用的料理小秘訣。你也可以省略這個步驟，直接使用年分較久的陳年巴薩米克醋、雪莉醋或其他果醋替代。

## 主 廚 風 味 秘 密

油，是我們人體所需的六大營養素其中之一。這道溫沙拉運用了冷壓初榨橄欖油跟冷壓初榨椰子油，來料理不同的蔬菜。為何要用不同的油？為何要選冷壓初榨的油？就讓主廚來告訴你！

### 冷壓初榨橄欖油

橄欖油是地中海飲食主要的料理烹調油，而冷壓初榨橄欖油 Extra virgin olive oil（簡稱 EVOO）富含抗氧化的橄欖多酚、橄欖果實的植化素，及含 omega 9 的單元不飽和脂肪酸。

omega9 單元不飽和脂肪酸具有保護心血管的功能，也能增加胰島素敏感性，並降低發炎反應。冷壓初榨橄欖油酸價指數低，多酚含量高，且抗氧化能力較佳，是非常棒的油品。

≡ 橄欖油可以用來炒菜、煎魚嗎？ ≡

這是我在教學時最常被問到的問題。橄欖油的燃點是 180°C 左右，基本的家常炒菜，若不是用大火烹調，都建議可以使用橄欖油。

烹調食物時，不要讓鍋內的油加溫超過燃點冒煙，因為超過燃點的不飽和脂肪酸會氧化，有害健康。所以建議盡量多用蒸、煮、燴、滷等較低溫方式來烹飪食物，較不容易引起體內發炎。

≡ 善用橄欖油，美味加分 ≡

在剛做好的菜上面淋一點冷壓初榨橄欖油吧！橄欖油剛碰到熱的食物時最芳香，在義大利進修時，學校廚房出餐前總會在菜餚上淋一點冷壓初榨橄欖油，就是為了增添香草的氣息，那是最能展現冷壓初榨橄欖油的美妙時刻！

## 冷壓椰子油

無論是進行生酮飲食的人、減重族群及老年族群預防失智，普遍都會使用椰子油。椰子油含月桂酸，品質好的冷壓椰子油甚至含有超過 45% 的月桂酸。月桂酸有很強的抗菌力，抗細菌、病毒以及腸胃道的寄生蟲。母乳裡也含有月桂酸，是母親給嬰兒最棒的禮物之一。

此外，椰子油是植物中鏈飽和脂肪酸，特性是讓身體消化吸收後只會使用而不會囤積，也會幫助代謝。冷壓椰子油的飽和脂肪酸不會增加壞膽固醇的升高，目前醫學界漸漸發現，真正讓壞膽固醇升高的其實是醣類。

≡ 椰子油適合的料理方式 ≡

椰子油非常適合烹飪咖哩類的食物，以及烤根莖類食材和烘焙。橄欖油與椰子油一起使用，除了可以平衡我們身體的吸收、幫助代謝之外，也可以增添料理上的風味。

# 炙烤煙燻紅椒粉章魚馬鈴薯沙拉

## Grilled octopus with green salad and baked potatoes

---

### ▌ 材料（5-6 人份）

新鮮章魚　1 隻（約 2 到 3 公斤）

煙燻紅椒粉　2 茶匙

馬鈴薯　2 個

新鮮沙拉菜　1 把

酸豆花

(Frutti del Cappero)　10 個

（或酸豆 Capers）

檸檬橄欖油　20ml

#### ●水煮章魚的白酒蔬菜高湯

洋蔥　1 個

西洋芹　4 支

月桂葉　4 片

白胡椒粒　10 粒

黑胡椒粒　10 粒

（新鮮香草束、百里香、

巴西里、鼠尾草等）

### ▌ 作法

1 準備水煮章魚的蔬菜白酒高湯：將所有水煮高湯食材放入深鍋，加入 6 分滿水，加 1 湯匙的鹽，煮滾。

2 徹底清洗新鮮章魚的頭部裡面，以及八腳中間的內臟。

3 待蔬菜高湯水滾後，抓住章魚頭部，慢慢地先將八腳放入滾水裡，待八腳有點捲曲後，再將整個章魚放入高湯裡。用最小的火不加蓋煮 2 小時，熄火後續燜 40 分鐘。

4 將章魚取出，八腳切下來，用紅椒粉塗抹，在炙烤盤上炙燒章魚大約 2 分鐘左右。先試吃煮好的章魚是否調味適當，再酌量灑鹽。

5 馬鈴薯切片，取平底鍋加油，小火慢煎至金黃，撒上鹽跟胡椒調味。

6 沙拉葉洗乾淨並瀝乾，用冷壓初榨橄欖油、白酒醋或者檸檬汁、鹽、胡椒調味（可加入少許乾燥蒔蘿香料）備用。

**7** 擺盤：放上炙燒章魚、沙拉與馬鈴薯，再放上幾顆酸豆花，最後淋上檸檬橄欖油即可。

## Audrey 美味提點

1　章魚又稱為八爪魚，有 8 個腕足，腕足上有許多吸盤，因富含大量膠原蛋白，是高蛋白低脂肪的海鮮。此外，章魚含有大量的牛磺酸，可有效減少血管內壁所累積的膽固醇。

2　章魚在地中海料理中是相當常見的食物，一般在超市或市場裡較不容易買到新鮮章魚，可能與一般家庭不知如何料理有關。台灣四面環海，魚獲豐富，很多日本料理餐廳都有章魚料理，因此還是可以買到，或者可請賣海鮮的魚販代為採購。

3　章魚其實很容易料理，關鍵是掌握水煮的時間。最佳的水煮章魚是煮到軟嫩，但帶有微微嚼感。不常料理的人可以跟著食譜步驟做，就能煮出餐廳級的章魚料理。沒吃完的部分，可以加少許冷壓初榨橄欖油，將之真空後放入冷凍櫃保存。

4　章魚搭配馬鈴薯沙拉，是不少義大利餐廳常見的料理。馬鈴薯綿密的口感十分搭配炙燒章魚。

## 檸檬油作法

這是許多主廚為料理增添風味的秘密武器。其實自己在家製作也非常簡單。例如檸檬油即是一款十分芳香且多用途的油。

用檸檬刨刀（Lemon Zester） 刨下 4-6 個有機檸檬的綠色表皮， 放進裝有 200ml 的冷壓初榨橄欖油小鍋裡，開小火直到油產生一些泡泡時熄火。放置數小時待油冷卻，過濾檸檬皮，留下芬芳的檸檬橄欖油，放在玻璃瓶內隨時可用。而且任何料理幾乎都可以利用，尤其是海鮮料理，滴上幾滴，即可帶出一些柑橘味，提鮮又芬芳。

## 檸檬皮特點

檸檬是地中海料理的經典食材。除了用檸檬汁入菜、做糕點，我在海鮮料理上通常會加上 一點檸檬皮增加柑橘芳香。檸檬皮在料理上除了可帶來檸檬香氣外，還含有檸檬油、類黃酮、維生素 C、多酚及植化素等，非常建議在料理上多多使用有機檸檬皮。 在本書食譜裡所有的海鮮料理也都有運用。

# 馬賽海鮮湯

## Bouillabaisse

---

### ▌ 材料（3-5 人份）

石斑魚、鱸魚　各 1 條

（去骨取菲力）

蝦　600g（去頭留殼去腸泥）

透抽　2 條

蛤蜊　2 斤

番紅花　約 10 絲

巴西里　1 把

● 高湯

> 洋蔥　1 個
>
> 芹菜　2 支
>
> 胡蘿蔔　1 條
>
> 大番茄　2 個
>
> 番茄糊　2 茶匙
>
> 蒜頭　3-4 瓣
>
> 月桂葉　5 片
>
> 雞骨架　2-3 副
>
> （或雞高湯　300ml）
>
> 柳橙　1 個（取皮）
>
> 白酒　100ml
>
> 水　1000ml

### ▌ 作法

1 熬高湯：將洋蔥、芹菜、胡蘿蔔切丁，蒜頭去皮一起入鍋炒香後，加入蝦頭及魚骨再炒約 2-3 分鐘。接著，加入番茄糊，用白酒熗一下。放入番茄、水，繼續加入川燙過的雞架子及月桂葉，煮滾後改小火不加蓋煮大約 1 個小時，加入柳橙皮，再煮半小時熄火，然後過濾所有食材留下清湯，加入番紅花。

2 可以繼續小火濃縮，試喝至達到自己喜歡的濃度時，將魚菲力切片、透抽切片，在湯裡加入蛤蜊、魚片及透抽、蝦或者任何其他你喜歡的海鮮。待海鮮熟透，試喝並調味。盛到大碗，撒下巴西里，淋一點冷壓初榨橄欖油即完成。

## Audrey 美味提點

1　海鮮湯若沒吃完，可以留待下一餐煮義大利麵。把湯煮滾，麵煮到比預計的時間少 1 分鐘即撈起，然後混合海鮮湯與麵條，加橄欖油快速一直攪拌到湯汁乳化，讓麵條與乳化的醬汁完美結合，就是一道可口的麵食。海鮮湯當然也適合用來煮粥，或者搭配任何麵包來享用。

2　加入帶有特殊香氣的番紅花，可使這道湯品散發出非常美妙的滋味。番紅花雖然價格稍高，但因為用量不多，還是能夠備著 1 小罐放著，在煮海鮮湯或海鮮燉飯時使用。

## 主廚風味秘密

### 經典名菜—馬賽海鮮湯 Bouillabaisse

這道湯品常與泰國的酸辣蝦湯、中國的魚翅湯並列世界三大名湯。顧名思義，馬賽海鮮湯源於法國地中海沿岸，漁夫們利用未售出的漁獲及海鮮，加入洋蔥、番茄、大蒜等蔬菜熬煮成湯，是一道粗曠豪邁的漁夫料理。新鮮的海鮮跟這些蔬菜熬出來的高湯，再加上番紅花，鮮美至極，難怪長久以來享有盛名。

#### ≡　鮮甜的海鮮高湯秘訣　≡

馬賽海鮮湯料理起來其實並不複雜，關鍵就在高湯底。確確實實地把高湯做好，就可以完美呈現這道料理！

海鮮湯底是製作許多料理的基礎，而馬賽海鮮湯的高湯底，則加了番茄糊、番茄及三種基本蔬菜（西洋芹、胡蘿蔔、洋蔥），還有魚骨、雞骨架，所熬成的海鮮高湯色澤濃郁，有別於海鮮清高湯的作法（本章節裡的「米苔目海鮮湯」即以清高湯為基底）。因為在高湯裡加了番茄，故比海鮮清湯多了清甜的酸味，再加上柑橘皮帶來隱約的柑橘香氣，是一道極鮮美的高湯。熬煮時，將水分量濃縮為原來的一半，會讓高湯十分濃郁。在最後海鮮煮好時再調味，並且一定要試喝，慢慢酌量加鹽，因為海鮮湯頭本身就很濃郁，無須過度調味，如此更能嘗到湯的原汁鮮味。

# 自製魚丸米苔目海鮮湯

## Homemade fish balls, seafood and rice noodle soup

---

### ▎材料（5-6 人份）

**●旗魚丸**

旗魚魚漿　600g

雞蛋　1 顆

荸薺　10 個

葛根粉　2 匙

（可以視魚丸的黏稠度來增減）

**●高湯**

魚骨　2 副

雞骨架　3 副

西洋芹　3 支

洋蔥　1 個

薑　1 塊

白胡椒粒　10 粒

白酒　100ml

水　1500ml

檸檬刨皮取汁　1 個

**●海鮮湯其他食材**

石斑魚　1 條

鱸魚　1 條

小透抽　10 條

蝦　4-5 隻

蛤蜊去沙　1000g

芹菜　1 把

芫荽　1 把

米苔目　600-800g

白胡椒粉　1 匙

### ▎作法

1 熬高湯：魚去骨取菲力，魚菲力留著，取魚骨、雞骨架川燙。將洋蔥、西洋芹切塊，取一個深鍋，將魚骨、雞骨架、蔬菜、薑及白胡椒粒放進水中，加白酒一起熬煮，水滾後轉小火不加蓋大約煮 2 小時。加檸檬皮放置半小時後，過濾所有的材料留清湯。

2 做魚丸：把荸薺切細碎，加入旗魚丸的魚漿，並打入 1 顆雞蛋、2 小匙葛根粉、1 匙白胡椒（假如魚漿已事先調味就無需加鹽），用手攪拌做成一個個丸子。可以在做丸子前，用滾水煮一小塊試吃味道，再酌量調味。

3 小透抽洗淨，芹菜切細，芫荽切細。

4 將步驟❶的清湯煮滾，加入蝦、小透抽、魚丸及蛤蜊，待蛤蜊幾乎全開時，再加入米苔目，試一下湯的味道，撒些鹽與白胡椒粉調味。加入米苔目煮大約 2 分鐘後熄火，加入切細的芹菜及芫荽，可以淋上 EVOO 及一點點芝麻油。

1　這是一道中西合璧的魚丸湯，我個人非常喜歡這一道的湯頭，其鮮美的秘訣正是魚高湯。
　　煮高湯的魚塊及魚骨，可以到市場跟賣海鮮的攤商購買，請記得盡量以海魚為主，不要使
　　用青背魚類（例如鯖魚、秋刀魚）。或買新鮮魚去骨取肉，拿其中的魚骨來熬湯。

2　澎湃的海鮮料理十分適合宴客，尤其私廚宴席中有外國朋友出席，我一定會做這一道，每
　　次都可得到好評。尤其是米苔目的滑嫩口感、海鮮高湯的清甜、自製魚丸的新鮮好吃，組
　　合起來堪稱絕配。推薦可在人多時，做一大碗一起分享。

3　加了海鮮的湯頭要先放置一下，嚐過味道再調味。盡量減少放鹽，讓食物呈現淡雅清甜。

## 主 廚 風 味 秘 密

### 料理美味秘訣：高湯

要成就一道好喝的湯，湯頭是關鍵。無論中西式料理，高湯永遠扮演著非常重要的角色。一般常用的有肉類高湯、蔬菜高湯和海鮮高湯，而西式高湯基本上多以三種蔬菜：西洋芹、胡蘿蔔及洋蔥加上不同食材熬煮出來，端看料理所需要的風味來選用構成湯底的食材。

平日做菜，建議隨時備有一鍋高湯，可以增添料理美味。沒時間準備的話，可以選購有機雞高湯備用。

### ≡　美味高湯怎麼做　≡

在家做料理，省時省力很重要，我每週會固定熬一鍋蔬菜雞骨架高湯備用。做法非常簡單，我會先到傳統市場跟攤商購買野生放養的雞腿骨及雞骨架，加上胡蘿蔔、洋蔥、西洋芹及蒜苗，一起用小火熬煮，就可以成就一道非常美味的高湯底。

記得熬高湯時，不要加蓋，滾過一次後，轉成小火，不要讓湯頭持續滾著，這一點非常重要！因為大火持續滾著湯時，會釋出比較多雞骨架跟蔬菜的雜質。小火慢滾煮出來的高湯非常清澈，充滿蔬菜與肉蛋白質的甜香。大約持續熬煮 4-6 小時後熄火，待冷卻過濾所有食材，留下清湯即完成。

可以將高湯分裝進密封袋裡冷藏或冷凍保存，做任何料理都可以用到。這款高湯也可以當作其他湯頭的湯底。

# 牛肝菌蕈菇湯

Porcini and mushroom soup

---

**材料（3-5 人份）**

乾燥牛肝菌　25-30g

蘑菇　200g

整顆番茄罐頭　1 罐

蒜頭　5-6 瓣

雞高湯　500ml

鹽、胡椒　少許

檸檬　1 個

**作法**

1 用熱水泡乾燥牛肝菌大約 30 分鐘，取豆漿布，過濾食材裡可能含有的沙土等雜質。將牛肝菌擠乾，保留泡過牛肝菌後過濾出來的水，再把牛肝菌重複用清水洗過幾次，備用。

2 蘑菇清洗乾淨，取下菇蒂。

3 湯鍋裡倒入清雞湯及牛肝菌水，依序放入蘑菇蒂、切片的蒜頭、整顆番茄罐頭的番茄（只用番茄，泡番茄的醬不用）、洗過幾次的牛肝菌。開小火，加蓋，煮 1 個小時。

4 將步驟❸的湯過濾食材，留下清湯。

5 蘑菇切薄片，稍微過一下檸檬汁，放入清湯內煮 5 分鐘。加鹽及胡椒調味，即完成。

## Audrey 美味提點

1  晒乾的牛肝菌多沙,利用豆漿布過濾,可以防止細沙流到湯裡。利用熱水浸泡牛肝菌菇並以紗布萃取水分,再反覆以流動水清洗菇裡可能殘留的沙土與雜質,這個步驟非常關鍵!即使再珍貴的食材,若沒有把殘留的沙土處理好,料理就會打折扣。只要完成這步驟,接下來無論要做什麼料理,都能發揮牛肝菌具有的特殊風味。

2  這道湯品雞高湯的製作也很重要,可參考本書食譜中「自製魚丸米苔目海鮮湯」裡美味高湯的作法。以雞高湯的清甜混合泡過牛肝菌的水,再加上其他食材,用小火慢燉,成品細緻優雅,滋味濃郁且香氣獨特,配上蘑菇薄片,是一道極致奢華的地中海風味料理。

## 主 廚 風 味 秘 密

### 經典食材—牛肝菌 Porcini

牛肝菌是一種珍貴的食材,與雞油菌、羊肚菌、松茸並列為世界四大知名菌菇。或許名氣不如松露響亮,但牛肝菌也是義大利深愛的特色珍饈,富含蛋白質、碳水化合物、維生素及鈣、磷、鐵等礦物質,是極富營養價值及濃郁芬芳的絕佳食材。

牛肝菌獨特濃郁的香氣,是不少美食家、廚師都愛用的食材,無論是義大利燉飯、牛肝菌濃湯、義大利麵、雞湯等料理,都喜愛將它入菜。清新的野生蕈菇味道,給人一種彷彿置身森林中的氣息。

新鮮的牛肝菌香氣馥郁,風味讓人深深著迷。在台灣雖不易取得新鮮牛肝菌,大多是選用乾燥處理過的,但只要依照食譜中的步驟,同樣可以享受經典又道地的美味。

# 義大利雞肉蔬菜麵餃佐清雞湯

## Tortellini en brodo

---

**材料（2-3 人份）**

●義大利餃子皮
- 杜蘭小麥粉　200g
- 雞蛋　2 個
- 蛋黃　1 個

●雞肉內餡
- 雞胸絞肉　300g
- 小型馬鈴薯　2 個
- 洋蔥　1/2 個
- 大番茄　1 個

●清雞湯
- 雞骨架　3 副
- 雞腿骨　3 副
- 洋蔥　1 個
- 胡蘿蔔　1 條
- 西洋芹　3 支
- 蒜苗　2 支

**作法——雞高湯**

將所有蔬菜切成大的塊狀，放入加水六分滿的深鍋中，將水煮滾後開最小火。雞骨架跟雞腿骨先用滾水川燙過，放入加了蔬菜的湯鍋裡，用最小火不加蓋煮 5-6 小時。過濾所有食材留下清湯備用。

**作法——餃子皮**

1. 將 200g 的麵粉放在擀麵板上，中央留出空間，打入兩個全蛋跟一個蛋黃，用手輕輕和麵，直到成為麵團。用保鮮膜包起來放在冰箱大約 30 分鐘備用。

2. 將麵團從冰箱取出，用擀麵棍將麵團擀平，放入義大利擀麵機（用最小的刻度），開始擀麵皮。然後再將擀麵機的刻度數字逐漸加大，重複讓麵皮在擀麵機裡，來回將麵皮擀得越來越薄。每一次進擀麵機前，都要撒一點杜蘭小麥粉在麵皮上。

3 用一個大約 8-9 公分的圓形模型切割麵皮。切割好的麵皮務
　必蓋著廚房紙巾，避免麵皮過度乾燥。

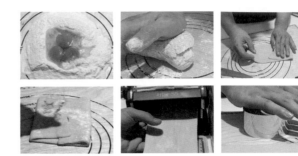

**┃ 作法──內餡作法**

1 利用麵團放在冰箱的時間來製作內餡。將洋蔥、番茄切塊用
　橄欖油炒軟，加入切細碎的馬鈴薯，翻炒大約 5 分鐘之後，
　加入雞胸絞肉。過程中如果覺得食材乾燥，可加入一點初榨
　橄欖油，再加入雞高湯煮大約 5-7 分鐘，用鹽跟胡椒調味。

2 把煮好的食材放入調理機打成泥狀，再放入擠花袋裡。

**▌ 作法——餃子作法**

1 將做好的麵皮，放在擀麵板上，用擠花袋擠出適量的內餡，約 2 公分球狀大小。

2 然後將麵皮對折，再把彎月型的兩角互相交叉於一點，沾點水黏住，讓內餡鼓起來的部分形成一個圓臀狀。用加鹽的滾水煮大約 2-3 分鐘，撈起餃子後淋上少許橄欖油，避免麵皮黏著。

**▌ 擺盤**

將餃子放入淺湯盤中，再注入雞肉清湯，淋上少許冷壓初榨橄欖油即完成。

## Audrey 美味提點

1 這道料理 Tortellini en Brodo 堪稱經典名菜，以美味豐富又營養的肉湯，搭上義大利麵餃的料理，是義大利北部的節日傳統料理。內餡一般採用豬肉或小牛肉加上許多冬季蔬菜，通常作為前菜後的第一道菜（primi）。義大利餃子 tortellini 和肉湯都可以提前做好，冷凍備用。

2 這份食譜是用雞絞肉、洋蔥、番茄跟馬鈴薯來做內餡，再打成泥狀，口感細膩。餃子皮的蛋含量也相當高，是一道高蛋白質料理，非常適合小孩跟老人家食用。搭配以蔬菜跟雞骨頭熬煮的高湯，在寒冷的冬天享用一碗熱騰騰雞湯餃子，是一道撫慰人心的美好食物。

3 沒有擀麵機的時候，可以試著用擀麵棍擀出平坦的麵皮，也可以買現成的餃子皮來取代。只是現成的餃子皮是用一般麵粉做的，跟杜蘭小麥粉的口感自然不同。也可以選擇買現成的義大利麵餃，內餡則選擇適合自己的口味。最經典的義大利麵餃口味是瑞可達起司（Ricotta Cheese）加菠菜。

# 波隆那肉醬寬扁麵

## Pappardelle al ragù bolognese

---

**▍材料（3-5 人份）**

**●肉醬材料**

牛絞肉　600g
豬絞肉　200g
洋蔥　1 個
西洋芹　2-3 根
胡蘿蔔　1 根
培根　2-3 片
番茄糊
（tomato paste）　約 30g
番茄罐頭含整顆番茄　1 罐
番茄泥　1 罐
（或著兩罐都是番茄泥也可以）
辣椒去籽　1 支
蒜頭壓泥　3-4 瓣
羅勒葉、迷迭香、
百里香切細　各幾支
月桂葉　3-5 片
乾燥的奧勒岡葉
（Oregano）　幾片
紅酒　50ml
水　500ml

**●肉醬寬扁麵材料**

肉醬　3 人份
手工寬扁麵　300g
帕瑪森起司　30g
扁葉巴西里　1 把

**▍作法──肉醬作法**

1　蔬菜的食材全部切細丁，鍋內放橄欖油炒洋蔥與蒜泥，接著放入切細丁的培根一起炒香，再陸續放胡蘿蔔跟芹菜。

2　把兩種絞肉加進步驟❶，炒到肉出油後加鹽及胡椒，略熟後再放入香草。繼續加入番茄糊，炒 1-2 分鐘後，加入紅酒略為煮沸，讓酒精揮發。

3　倒入兩個番茄罐頭及月桂葉、奧勒岡葉。

4　加水繼續熬煮，煮滾後轉至最小火，大約煮 2 個小時以上。靜置到第二天食用最佳。可以試試鹹度，因為隔天的鹹度會增加，所以在步驟❷時鹽不要加太多，先加 2-3 匙，隔天食用前試試，不夠再酌量添加。

**▌作法——肉醬寬扁麵作法**

1 煮麵鍋加滿七成的水，放入足量的鹽，水滾後放入麵條，依照包裝上的指示煮好。

2 肉醬放入平底鍋加熱，待麵煮好直接放入鍋中，充分翻拌。過程中可略加煮麵水保持溼潤，讓麵跟醬充分融合後，撒上帕瑪森起司跟切碎的巴西里葉。

3 盛盤，淋上一點橄欖油，再刨上些許帕瑪森起司即完成。

## Audrey 美味提點

1 肉醬用途很廣，因此我每次都會多做一點，待冷卻後將做好的肉醬用真空機小袋分裝，或用夾鏈袋分裝放置於冷凍櫃，隨時可以拿出來做義大利麵、千層麵，還可以沾薯條吃，或包進墨西哥捲餅烤來吃。有時候我會打 3 個蛋加 2 大匙肉醬做成歐姆蛋。對我而言，肉醬可說是家庭必備料理。

2 幫小孩準備便當時，我會用保溫壺帶著熱熱的肉醬，將麵煮好後過冰水分裝帶著，要吃的時候再把麵放進肉醬裡，就是一道美味的午餐。

3 寬扁麵可以用直管麵取代，為小小孩準備時，可以用任何形狀可愛的麵來替換，增添趣味。

## 經典料理—波隆那肉醬
## Ragù alla Bolognese

這是一道家喻戶曉的義大利料理。在義大利稱肉醬叫 Ragù，每個區域也都有自己的 Ragù 配方，就像台灣的滷肉、肉燥一樣。波隆那肉醬顧名思義是義大利中部波隆那地區的經典料理，肉醬裡有相當大量的蔬菜，味道也十分濃郁，而這些蔬菜其實是不少挑食的孩子不喜歡的蔬菜。利用蔬菜混合肉類與番茄醬一起熬煮的義大利肉醬，每一口都吃進豐富的蛋白質營養與膳食纖維，適合全家人一起享用，而且可以延伸出許多料理變化，不管肉醬麵、千層麵，都可以用這肉醬為基底。

# 西班牙海鮮飯

## Paella

---

**材料（3-5 人份）**

紅椒　2-3 個

蝦去腸泥　20 隻

大透抽切段　2 隻
（或軟絲）

蛤蜊去沙　1 斤

淡菜　1 斤

大番茄　2 個

洋蔥　1 個

紅蔥頭　5 瓣

蒜泥　2 瓣

雞高湯　約 400ml

蝦高湯　200ml

西班牙海鮮飯專用米　約 200g
（或義大利燉飯米 / 泰國米）

白酒　100ml

番紅花　約 20 小絲

巴西里葉　1 把

煙燻紅椒粉（paprika）　10g

冷壓初榨橄欖油　60ml

**作法**

1 將番紅花泡在白酒裡。

2 紅椒切細絲，用平底不沾鍋加入 30ml 橄欖油，慢煎至微焦並釋出甜椒的煙燻味後，盛出來備用。

3 蝦用步驟❷的鍋子煎至六分熟，盛出備用。

4 洋蔥切細碎，紅蔥頭切細碎，將步驟❸的鍋子加入橄欖油，再將洋蔥碎、紅蔥頭碎炒至透明，加入切段的軟絲並灑上紅椒粉略炒一下，再將步驟❶的番紅花白酒倒入，略蒸發後，加入切丁的番茄及高湯煮大約 10 分鐘。加入米（不用洗），加蓋，中小火燜煮至自己喜歡的口感（過程中不要攪拌）。

5 接著放入步驟❷、❸的紅椒、蝦及去沙的蛤蜊與淡菜，再淋上 10ml 的橄欖油，然後在鍋子上面用錫箔紙密封後轉至大火，加熱到有金黃色的鍋巴、蛤蜊全開即完成。整鍋端到餐桌上後，冉撒上切碎的巴西里葉。

---

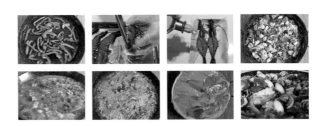

1 這是我實驗非常多次、好吃又簡單的 Paella 作法。製作西班牙海鮮飯，蝦的種類會影響
  到整個料理的風味，愈是濃郁海味的野生蝦效果越好。海港直送、海味濃郁的野生大頭
  蝦，因為蝦肉偏軟，所以可以用蝦頭熬湯當作湯頭，再加上雞湯增添湯頭的濃郁。我會使
  用白蝦或草蝦放入飯中一起烹煮，至於其他海鮮的種類，也可以依自己的喜好添加。傳統
  的 paella 會加入雞肉及豆子。

2 料理時的重點是橄欖油要多放一點，還有，米放進去後不要攪拌。最後，密封的錫箔紙也
  很重要，為的是要讓食材在密封狀態下均勻受熱。

3 這道料理非常適合宴客，吃不完的海鮮飯第二天加起司焗烤，就可變成起司焗烤海鮮飯，
  也很受孩子歡迎。

## 主 廚 風 味 秘 密

### 經典名菜—西班牙海鮮飯 Paella

發源於西班牙瓦倫西亞的 Paella，在當地語言是指「鍋」的意思，因為烹煮這道經典海鮮飯需要使用雙耳鐵鍋（Paellera），其基本材料包括：米、蔬菜、雞肉或兔肉、海鮮、番紅花。

澎湃的海鮮大鍋飯，相當適合宴客，每次做這道料理時，也總會讓我回想起第一次到西班牙旅行的難忘回憶。當時，在馬德里有位當地朋友說好要帶我去嚐嚐全城最棒的 paella 海鮮飯。西班牙人總是很晚才吃晚餐，我們逛遍大街小巷、喝了很多啤酒、吃了好多西班牙小吃（Taps）之後，終於在晚上 10 點多抵達那家聞名遐邇的瓦倫西亞海鮮飯餐廳。他自己點了一份純海鮮飯，也幫我點了一份加了雞肉的海鮮飯，還記得那整鍋海鮮飯堆得好高，我只吃了1/3 就飽了！充分讓我見識到西班牙人對美食的海派熱情，至今難忘！

### ≡ 海鮮飯好吃的秘訣 ≡

除了海鮮新鮮，湯底是相當重要的。我會採用雞高湯及蝦高湯一起讓米粒吸滿湯汁。高湯越濃郁，海鮮飯的滋味就越濃厚。

海鮮飯要有金黃鍋巴對廚師來說是一項功力跟挑戰，只能多試幾次，就能找到完美的烹飪時間。

≡　米的選擇至關重要　≡

米的種類會決定烹飪的時間，請盡量使用西班牙米，可以上網買海鮮飯專用米 Bomba rice。也可以用義大利燉飯米取代；我自己會用泰國米，比較沒有黏性，也較容易取得，不建議用台灣的米。米粒要能完全吸收湯汁，至於米粒的口感則看個人的喜好，我自己會讓米心熟透。

**畫龍點睛的食材**

紅椒粉、番紅花是重要食材。除了讓整鍋飯的顏色漂亮之外，番紅花特殊的風味也讓料理增色不少。

# 甜菜根藍紋起司燉飯佐青蘋果

## Beetroot risotto with gorgonzola cheese and green apple

---

**▌ 材料（2 人份）**

甜菜根　1/2 個
（或買煮好的成品，罐頭亦可）
洋蔥　1/2 個
藍紋起司　50g
義大利燉飯專用米　160g
白酒　30ml
青蘋果　1 個
高湯　200ml
（雞湯、蔬菜高湯、水皆可）

**▌ 作法**

1 將甜菜根切塊，用小煮鍋加八分滿水，煮滾後改成中小火，大約 40-50 分鐘。可以用筷子或叉子試試看甜菜根是否已經煮軟。煮軟後拿出放涼，用調理機將甜菜根打成泥。

2 青蘋果切絲，放在加了鹽的冰水中泡大約 5、6 分鐘。

3 藍紋起司取一半的量，用調理機打成乳化狀。

4 將高湯放入鍋子裡煮滾後，持續開小火讓高湯保持熱度。

5 洋蔥切細碎放入鍋炒軟，再加入義大利燉飯米，繼續翻炒到洋蔥跟米非常乾，再加入白酒（可以聽到熗酒的聲音）。米飯快乾時，開始加入高湯，先加入一勺，持續用勺子翻炒鍋子裡面的米，等湯汁快要收乾的時候，再加入第二勺，持續進行。大約第三勺高湯後，待米飯略乾，加入一勺甜菜根醬，試吃米飯，看看是否已經達到喜歡的口感的 80%。記得：全程要保持著米飯跟湯之間微微滾的狀態。

6 熄火，加入一塊奶油，用翻的手法，將米飯、湯汁、奶油，做一個快速攪拌的動作，讓三者均勻的乳化（這動作叫做 Mantecature，是燉飯完成前的動作，意思是藉由翻拌，把空氣打進去，讓米飯的澱粉、奶油跟湯之間乳化的作法）。

7 拿一個很平的盤子，放一勺燉飯，然後用手在盤底拍幾下，讓燉飯可以自然流動平鋪在盤上（若不行，表示水分不夠，可以回鍋再加點高湯，再做乳化的動作），但是也不要有湯汁流出到盤上。

**8** 在燉飯的上面，淋上乳化的藍紋起司，再把剩下的另一半捏碎放在飯上，再擺上過冰鹽水的青蘋果絲即完成。

## Audrey 美味提點

甜菜根、藍紋起司還有青蘋果，這三種食材可以融合出非常奇妙的滋味，尤其是做成義大利燉飯，連平常不怎麼敢吃藍紋起司的人，都可很容易地接受這道料理。我第一次品嚐這道料理，是在佛羅倫斯一間十分時尚的餐廳，當下我感到非常驚豔，之後在學校的實驗廚房中，也開發過這款菜單，風味讓人印象深刻。

## 主 廚 風 味 秘 密

### 義大利燉飯 Risotto 米的選擇

做義大利燉飯，建議一定要選用義大利米。在台灣較常見的有兩種：Arborio 跟 Carnaroli，尤其是 Arborio，一般連鎖賣場、網路商店都不難買到。

不建議用蓬萊米、在來米或者糙米、泰國米來做，因為這道料理的特色，需仰賴義大利米所含的澱粉特性，才有辦法做最後乳化的效果。Mantecatura 是指這整個將乳脂、澱粉充分攪拌、打入空氣而產生 creamy 平滑柔順的燉飯過程。義大利燉飯米具備這種釋出澱粉後，又可保有飽滿且有彈性的口感，粒粒分明。

## 燉飯的製作要訣

製作燉飯時，要訣是：整個過程中，米飯跟高湯之間要一直維持著微微的滾、有一點小泡泡在鍋子裡滾動著；當水快乾時再加入第二勺高湯，依序這個動作重複做。至於燉飯的米心口感要煮到什麼程度，則完全看個人喜好。一般台灣的餐廳都強調燉飯米心要硬，事實上在義大利廚藝學校裡，教授總是告訴我們燉飯的米心不是要硬，而是要保持米粒的飽滿度，而且口感有微微的彈性，並非米心生硬。

想做出完美燉飯，不妨多練習幾次。掌握最適合自己、最恰當的高湯跟米飯的比例，做出自己最喜愛的口感。

## ≡ 燉飯的變化版美味 ≡

沒吃完的燉飯，第二天可以加一些比薩用的起司，放入烤箱烤出焗烤飯。而在義大利，通常他們會做成炸飯糰（在西西里島叫arancine，在羅馬其他地方叫arancini，中文譯為小橘子。）也是西西里島特色街頭食物，很適合將沒吃完的燉飯再弄出另一道美食。燉飯裡面可以包裹任何餡料，如肉醬、蔬菜泥……等，再裹上麵包粉油炸，像小橘子造型的炸飯糰，真的相當可口。

我在佛羅倫斯學習廚藝時，下課後偶爾會到一些小店買這個arancini當午餐，有時也能當點心輕鬆享用。

# 鮮蝦與番紅花燉飯

## Saffron risotto with shrimps

───────

**▌ 材料（2 人份）**

**● 蝦頭高湯**

> 蝦頭　1 公斤左右
> 洋蔥　半個
> 西洋芹　2 支
> 胡蘿蔔　半條
> 番茄糊　2 茶匙
> 白酒　40ml
> 水　2000ml
> 奶油　50g

**● 燉飯**

> 大蝦或明蝦　2 條
> 番紅花　約 10 小絲
> （泡在 40ml 的白酒裡）
> 洋蔥　半個
> 檸檬刨皮取汁　1 個
> 義大利燉飯米（Arborio
> 或 Carnaroli ）　100g
> 奶油　30g

**▌ 作法**

1 將蝦頭取下，蝦去殼去腸泥，蝦背剪開不剪斷，加上一點橄欖油及檸檬皮醃製。

2 蝦頭用 50g 奶油炒過，加入蝦頭高湯食材中的所有蔬菜，炒至香味出來，再加入 40ml 的白酒。待酒精揮發後加入高湯或水，熬煮蝦頭高湯 30 分鐘左右。將湯過濾，使高湯持續在鍋子裡以小火保持加熱狀態。

3 快速將蝦煎好。

4 洋蔥切得非常細，用有把手的小湯鍋加橄欖油以小火炒至透明，加入義大利米。米不要洗，持續攪拌，感覺快焦時倒入泡番紅花的白酒，待白酒完全揮發後加一點鹽，持續小滾狀態。感覺水分快乾時，加一勺步驟❷的高湯，感覺米微微的滾著，每一次都是汁快收乾時加入一勺，直到米粒嚐起來約九分熟就熄火，然後加入奶油一起持續攪拌。這種手法稱為 Mantecatura，主要是讓米飯快速釋出澱粉與液體、油之間乳化，然後盛在平盤上用手拍打盤底，使燉飯可以被拍平且液體不會呈現分離的狀態為最佳。

**5** 煎好的蝦放在飯上，撒上巴西里、一點點檸檬皮，即大功告成。

## Audrey 美味提點

1　Risotto 是義大利的經典料理，因使用不同的米，而對米飯生硬度的要求不同，所呈現的效果也不同。普遍認為米心要硬硬的才道地，其實不然。記得在義大利廚藝學校中，老師第一次示範最簡單的帕瑪森起司 Risotto，讓我十分驚訝，米心一點都不硬，米飯口感卻很好，醬汁勻稱裹在米粒上面。老師說，他不是很贊同米心要硬硬的 Risotto。之後一直跟著老師學習、不斷的練習，在實習餐廳一次又一次的接受挑戰，有時候一個晚上要做三、四十道燉飯，每一次出餐都要經過老師同意才能送到客人面前。老師曾受邀到義大利國家電視台示範燉飯的作法，所以這個作法堪稱師出名門的經典版本。

2　海鮮燉飯最終熄火後只加奶油，不加起司，但是其他肉類或蔬菜類的燉飯，都可以加帕瑪森起司，或者有時候可加藍紋起司來完成 Mantecatura 的手法。米的比例關係到燉飯的份量，最簡便的方式是用手掌抓一把米來測量：三把米是 2 人份，若 4 人份就是五把，多少人份就抓多少把，最後再加一把，這是一位義大利老廚師告訴我的秘訣。

3　燉飯沒吃完，第二天可以加起司做成焗烤飯。

## 主廚風味秘密

番紅花號稱 1g 的價格比黃金 1g 還要高，是世界上最珍貴的香料，主要生產地在伊朗跟西班牙。製作 1g 的番紅花香料，至少需要超過 150 朵花，而且只能以人工採摘，得來不易，這也是番紅花價格不菲的原因。

≡　番紅花的運用　≡

番紅花適合用來料理海鮮，食譜中的海鮮燉飯、馬賽海鮮湯及西班牙海鮮飯，我都會用番紅花來增添料理的風味及層次。不只是鹹的料理，許多甜品跟飲料也會使用番紅花。印度很有名的米布丁料理，加了番紅花後不但顏色漂亮，味道相當豐富也十分美味。 雖然價格高昂，但其實只需些微的用量，就能讓料理風味提升至不同的層次。建議櫃子裡儲放一小罐番紅花，隨時可以入菜。

≡　番紅花功效　≡

番紅花除了可入菜之外，在藏醫及中醫裡也把它當活血的藥材。番紅花中的番紅花酸、番紅花素和番紅花苦素，具備抗氧化的能力，能促進人體的代謝、提振精神及養顏美容。

# 法式經典油封鴨佐紅酒酸甜洋蔥醬

## Confit de canard with red wine onion jam

### ▍材料（4-6 人份）

櫻桃鴨腿　6 隻

鴨油　700ml

● 醃料

- 鹽　1 湯匙左右
- 胡椒　1 茶匙
- 粉紅胡椒粒　10 粒
- 八角　2 個
- 杜松子　5 粒
- 芫荽籽　1 茶匙
- 蒜頭　6-8 瓣
- 紅蔥頭　6-8 瓣

● 香草

- 新鮮百里香、鼠尾草、月桂葉、
  奧勒岡葉、迷迭香　1 茶匙
- （也可以用乾香草取代）

● 紅酒酸甜洋蔥醬

- 洋蔥　2 個
- 紅酒　100ml
- 雪莉醋或一般果醋　50ml
- 椰糖　20g 左右

### ▍作法——油封鴨腿

1 把蒜頭跟紅蔥頭去皮，稍微壓一下不要切碎，再混合所有的新鮮香草與香料、鹽、胡椒，稍微按摩一下鴨腿，讓食材充分且均勻塗抹在每一隻鴨腿上面，放在容器裡或者夾鏈袋（盡量去除空氣），放在冰箱冷藏 36 小時左右。

2 將鴨腿取出，拍掉所有的醃料，在水龍頭下用流動的水洗乾淨，再用廚房紙巾擦乾。放入烤盤，注入鴨油，蓋過鴨腿。

3 先將整個烤盤放在爐子上，開中火讓鴨油滾，一滾之後立刻熄火。放一張料理紙在鴨腿的上方，盡量排除空氣，再用錫箔紙包覆烤盤。

4 將烤盤放入烤箱，以 80-90°C 去烤。啟動風扇程式（若沒有此功能也無妨）8-10 個小時左右，可以試試看鴨腿的骨頭是否可以跟肉分離，即完成油封的步驟。可以將做好的鴨腿連同油分裝放入冰箱冷藏或冷凍保存。

### ▍製作紅酒酸甜洋蔥醬

兩個洋蔥切絲，平底鍋加橄欖油將洋蔥用中小火炒至透明，先加入紅酒，待紅酒酒精揮發後，加入椰糖跟雪莉醋，轉小火慢慢煨煮洋蔥，直到洋蔥焦糖化，即完成紅酒酸甜洋蔥醬。

### ▍油封鴨腿完成品

用一個烤盤，上面放置一個烤架，將熱水注入烤盤大約 2 公分高，再把油封過的鴨腿放在烤架上，用 240°C 烤 15 分鐘左右，直到鴨腿表面金黃酥脆。

**▌盛盤**

燙些綠色蔬菜、一份義大利麵，拌上烤好油封鴨的油、用鴨油煎的馬鈴薯，一起盛盤。將烤酥脆的油封鴨腿放在麵上，搭配洋蔥醬一起吃。

## Audrey 美味提點

1 用料理紙覆蓋在鴨腿上，再進烤箱低溫油封。這步驟非常重要，是讓鴨腿完全沉浸在鴨油裡的一個技巧。

2 完成油封鴨腿成品之前，需要隔水進烤箱加熱，這個步驟是為了保持鴨腿肉質的飽水跟軟嫩，又可以用高溫將鴨腿的表皮烤到酥脆，且不影響油封過的肉質。

3 油封鴨屬於比較濃郁的禽肉類料理，適合搭酸酸甜甜的配菜，所以搭配食譜中的紅酒酸甜洋蔥，可以平衡鴨肉的濃郁。也可以用鴨油煎馬鈴薯或用鴨油拌上義大利麵當作配菜，都是非常棒的油封鴨延伸吃法。

4 記得在醃製油封鴨時控制鹽的份量，以免過鹹。基本上就是抹一層薄薄的鹽在鴨腿上面醃製即可。

5 沒吃完的油封鴨腿可以將骨頭拆下，以鴨肉去拌炒任何喜歡吃的蔬菜，甚至大蒜，都是非常美味的升級版料理。

## 經典名菜—法式油封鴨腿
### Confit de Canard

這一道經典名菜，堪稱料理史上最早廣為人知的低溫烹飪料理。先用鹽、香料醃製24-36 小時，再用鴨油（也可以用豬油、橄欖油替代）讓食材沉浸在油裡面，藉由低溫慢慢將食材熟成。這樣的做法可以讓肉質相當軟嫩不乾柴，且油脂包覆的食材也容易保存。

雖然步驟有一點繁複，成品卻總能讓所有人大感驚豔。只需預留多一些時間準備，烹飪的步驟非常簡單。不妨利用週末，一次多做一些，以夾鏈袋分批放置冷凍櫃儲存，平時只要將油封鴨腿放進烤箱隔水加熱，就可以在家享用道地的法式奢華美味。

# 低溫嫩烤排骨

## Honey glazed pork ribs

---

**▌材料（4-6 人份）**

豬肋排　1 公斤左右

**●醃料**

┌ 水　2000ml
│ 鹽　40g
└ 糖　20g

**●塗抹肋排的粉料**

┌ 煙燻紅椒粉（Paprika）5g
│ 　（或一般紅椒粉）
│ 辣椒粉　1g
│ 胡椒粉　2g
│ 茴香粉（cumin）2g
│ 大蒜粉　2g
│ 洋蔥粉　2g
└ 鹽　適量

**●烤好最後上色的材料**

┌ 法式第戎芥末醬　3 茶匙
│ 蜂蜜　3 茶匙
└ 巴薩米克醋　15ml

**▌作法**

1 取一個大容器，將排骨醃製在 2000ml 的水裡面，水中加入 40g 的鹽跟 20g 的糖，然後用保鮮膜封住蓋起來，放在冰箱裡冷藏一晚，隔天再料理。

2 烤箱用上下火，以 130°C 預熱 20 分鐘。

3 準備烤排骨：將塗抹肋排的粉料混合在一起，均勻抹在排骨上。

4 準備一個烤盤，將裹好粉料的排骨放在烤盤上，再用錫箔紙封住，送進烤箱用 130°C 左右烤 2 個小時。

5 2 個小時之後，從烤箱拿出烤盤，小心地將錫箔紙掀開，將排骨取出，把烤盤內的肉汁倒出。

6 在烤好的排骨那一面用刷子塗抹第戎芥末醬，然後再塗上一層蜂蜜。

7 將烤箱溫度升高到 220°C，把排骨放回烤盤內再放入烤箱，拿掉錫箔紙，直接用 220°C 烤大約 6-8 分鐘。要密切注意排骨的表面避免烤焦。

**8** 確認排骨表面已烤至均勻，從烤箱取出，在排骨表面塗上巴薩米克醋，再把排骨放回烤箱烤大約 1-2 分鐘，直到排骨烤出漂亮的焦糖色即完成。

## Audrey 美味提點

---

1　用 120-130°C 左右的溫度將排骨烤熟後，再刷上第戎芥末醬及蜂蜜，增加鹹甜的風味層次，最後刷上巴薩米克醋，便可有漂亮的焦糖色。巴薩米克醋在加溫後會更加濃縮，帶出甜酸味，不但能讓烤過的排骨顏色漂亮，更增添了排骨的豐富滋味，在家也能做出餐廳等級水準的烤排骨。

2　沒吃完的排骨肉，可以在隔天做成三明治或包在飯糰裡當午餐。

## 主廚風味秘密

### 鹽水醃製法 Brine

為了讓肉類料理軟嫩可口，專業廚師們最常使用的方法就是鹽水醃製法 Brine。本書食譜中大部分的肉類料理都運用了這種方式先進行醃製，這道低溫烤排骨亦不例外。

先用鹽水醃製法將排骨醃製一個晚上，鹽水可以改變排骨裡面的蛋白質結構，這種方法有助於將肉裡面的水分保留住，讓料理後的成品更軟嫩。

鹽水醃製法還可以解決另外一個我們經常在做料理時會出現的問題，那就是我們在做完料理時，常常會覺得鹹度不夠，因為只透過表面的調味，無法在短時間內滲入肉裡，所以在加鹽調味或塗抹醬料的時候，總會不小心加重鹽巴的量，無形中讓我們攝取了過多的鹽。

透過鹽水醃漬法的預先處理，可讓肉本身入味，且帶有淡淡的鹹度。以這道烤排骨為例，我們在肋排表面使用的塗料並不需要加重鹽分，剛烤好時，整個排骨就已經非常均勻調味，香氣誘人了！除了剛烤好的肉質非常軟嫩，在第二天重複加熱，不僅肉質不會乾柴，鹹度也同樣恰到好處。

# 自製火腿與香料煮鳳梨

## Homemade ham with spicy pineapple

---

**材料（3-5 人份）**

一整塊去骨不切開的豬前腿肉
或梅花肉　1 公斤

●蔬菜白酒湯

　　洋蔥　1 個
　　蒜頭　1 個
　　西洋芹菜　2 支
　　黑胡椒粒　10 個
　　杜松子　5 個
　　月桂葉　3 片
　　丁香　3-4 個
　　白酒　200ml
　　水　2000ml
　　扁葉巴西里　1 束
　　蒜苗取蒜白　3 支
　　鹽　40g
　　百里香、迷迭香　少許

●香料鳳梨

　　檸檬　1 個
　　鳳梨　1 個
　　肉桂粉　少許
　　椰子糖　20g
　　綠豆蔻（cadamon）　5 顆

**作法一：水煮法**

1 將整塊豬肉用 2000ml 的水加 40g 鹽、20g 糖來醃製，放進冰箱 24-36 小時。

2 將材料中的洋蔥切塊、西洋芹菜切段，巴西里取梗。蒜白切段，檸檬擠汁及蒜頭、黑胡椒粒 10 個、丁香 3-4 個、月桂葉 3 片、白酒 200ml、水 2000ml，全部放在大鍋中加鹽煮滾。

3 將豬肉從冰箱取出，放進作步驟❷的鍋中，小火煮大約 2 小時，熄火加蓋大約 2 小時後，取出豬肉備用。

**作法二：Sous Vide 舒肥法**

A 電鍋舒肥

1 將鹽水醃製過的豬肉整塊放進夾鏈袋，毋需再調味。可以放一些百里香跟迷迭香，再慢慢將整袋浸入裝滿水的容器裡，用手輕拍以排掉空氣，袋子會緊緊地黏在肉的表面。利用水壓法排出空氣，將袋口密封，使其達到真空狀態。

2 煮一鍋水，用溫度計測量到 70°C，離火，水倒入電鍋，將整袋肉放入電鍋裡，水位要超過食材，按保溫功能 5-6 小時。完成後可以放冰水冷卻，或放冰箱冷藏，食用前再拿出來切片。

### B 舒肥機器舒肥法

1 用真空機真空食材，可以放入百里香、迷迭香等香草，毋需放鹽。

2 用深鍋裝水，舒肥機調至 70°C，5-6 小時即完成。

### 完成步驟

1 將做好的肉切成 3 份，取 1 份切薄片淋上橄欖油及磨一點胡椒，另外 2 份可先真空或放入保鮮袋冷藏儲存。

2 鳳梨取肉切丁狀，加上香料，撒入椰子糖，小火煮至鳳梨軟而入味，擠一點檸檬汁，搭配火腿享用。

## Audrey 美味提點

1　作法一採用的水煮法，是將法國菜裡常用來川燙食物的 court-boullon 宮廷肉湯作法來做自製火腿。將香料、鹽放在水裡煮，需要以小火慢慢將肉以低溫燙熟。

2　作法二的兩種舒肥法 Sous Vide，是這幾年非常流行的低溫烹飪法，在作法上有電鍋保溫法跟舒肥機兩種選擇。無論有沒有真空機或者專業舒肥機，都可以用舒肥法來做，效果非常好。做出來的肉質比水煮法軟嫩，滋味也較濃郁，尤其電鍋保溫法根本就是超簡單又方便。因為只有 70°C，選用安全沒有塑化劑的夾鏈袋就可以，當然用食品級的真空袋是最佳的選擇。我非常推薦舒肥法，放進電鍋或舒肥機就不用管其他過程了，也不用時間到才可拿出來，放著超過時間也沒有關係。建議一次可做多一些，可以分裝冷凍或冷藏的保存方式，便於取用。重點是因不含食品添加物，還是盡快食用完較佳。

3　搭配香料煮的鳳梨，類似夏威夷火腿的享用方式，以香料帶出異國料理的風情。自製火腿也可以捲上起司，放到小烤箱裡略微烤一下，或者加萵苣、生菜、番茄做成三明治。

### 料理中的寶物——鳳梨

鳳梨是台灣最具代表的水果,它的口感酸甜,含有豐富的膳食纖維、維他命 C 及生物類黃酮素;其中的鳳梨酵素可以分解蛋白質。常常有人會說,吃鳳梨會有一種咬舌頭的狀況,就是鳳梨酵素對於口腔內的黏膜組織產生作用所導致。我們可以透過搭配鹽巴或者以烹煮方式來抑制鳳梨酵素的活性特性。鳳梨酵素也有軟化肉質的功能,所以鳳梨跟豬肉的搭配可算是相當經典的例子。中式料理中的鳳梨蝦球、鳳梨炒飯、鳳梨薑絲大腸都是我們相當熟悉的料理。

### 珍貴香料——肉桂 Cinnamon

肉桂從古至今都是非常珍貴的香料,含有豐富的維生素。肉桂已經被廣泛使用了 4000 多年,是我們一般民間常用的草藥,多半用做治療胃炎等的相關疾病。不少研究指出,肉桂可增強腸道微生物群的活性,有助於協助改善免疫系統。目前無論在歐洲或者是亞洲,也常常運用在料理、飲品、甜點及麵包類中。

除了上述的功能,肉桂的香氣也是相當迷人。所以在本食譜裡,我們用鳳梨跟肉桂以及其他香料煮成的鳳梨,來搭配自製火腿,可兼具美味與養生的功能。除了肉桂,八角、花椒、丁香、小荳蔻、肉荳蔻都是常用的香料,均有個別的特性。八角所含的槲皮素(Quercetin)也是超級抗氧化、抗炎的成分。

不管東西方料理,當製作滷味或是燉煮食物時,放入香料就像放了補品一樣,不但可療癒味蕾,也能增強身體抗氧化的能力。記得多多把香料運用在料理上吧!

# 紅酒黑巧克力燉羊排

## Lamb stew red wine with dark chocolate sauce

▌ 材料（4-5 人份）

羊肩排　1200g

紅蔥頭　10-15 瓣

整顆蒜頭　1 個

薑　2 片

西洋芹菜　2-3 支

胡蘿蔔　1 個

月桂葉　4-5 片

香草　1 束

（百里香、迷迭香，若沒有新鮮
的可以用乾燥香草取代）

肉桂粉、茴香粉、薑黃粉
各 2 茶匙

番茄膏　1 湯匙

（或番茄糊）

腰果　10-15 個

（或開心果、任何堅果）

紅酒　250ml

（不甜的即可）

水或雞高湯　700-1000ml

黑巧克力　100g

（72%-85% 含豐富可可脂的
黑巧克力）

橘子、檸檬　各 1 個（都要刨皮）

巴薩米克醋　30ml

辣椒片或辣椒粉　少許

▌ 作法

1 羊肩排用廚房紙巾拍乾，淋上少許橄欖油、鹽巴跟黑胡椒，
稍微用雙手均勻按壓一下，然後蓋上保鮮膜，放冰箱大約 1
個小時以上再料理。或者用鹽水醃製法，以 2000ml 的水加
入 40g 的鹽、20g 糖，將 1200g 的羊排放入鹽水中，放置冰
箱隔夜，大約 8 小時取出後用廚房紙巾拍乾備用。

2 胡蘿蔔、西洋芹菜切非常細，可以用調理機處理成細碎狀態。

3 紅蔥頭去皮，蒜頭去皮，薑切片。

4 將羊排放入鍋中，以橄欖油將羊肉煎出金黃再取出備用。

5 同一個鍋子再加入橄欖油，把紅蔥頭、蒜頭、薑片一起炒香，
接著，陸續放入切碎的胡蘿蔔、芹菜，翻炒到蔬菜變軟，再
倒入食材裡的香料粉。

6 將蔬菜炒香後，放入番茄膏，繼續翻炒到食材上色，然後放
入 250ml 的紅酒，用中火煮一下。待紅酒酒精揮發之後，加
入高湯，將所有食材煮滾，再加入之前煎好的羊排、堅果跟
香草束。

7 加上蓋子，用小火慢燉 120-150 分鐘。或者整鍋放入烤箱，
以 150°C 烤 2 小時（必須用可以進烤箱的鍋子，例如鑄鐵
鍋）。

**8** 煮好後把羊肉拿出，鍋子裡面的醬汁用中小火煮到湯汁濃縮為原來的一半。加入黑巧克力及巴薩米克醋、檸檬皮、橘子皮，用小火熬煮大約 5-10 分鐘。此時必須注意：要一直攪拌，放入現磨胡椒粉、辣椒粉，試試看醬汁的味道，再做調味。待整鍋湯汁濃稠，把羊肉放回，續煮 2 分鐘，灑上辣椒粉即完成。

## Audrey 美味提點

1　看完食材跟作法，應該不難想像這是一道非常暖心的料理。羊肉的滋補、幾款暖胃的食材，用紅酒和巧克力煮出來的料理，味道濃郁且風味十足。不妨在週末煮一鍋搭配紅酒一起享用，悠閒度過美好的時光。沒有吃完的羊肉，可以把骨頭拿掉，做成三明治或搭配麵包、義大利麵，或者配烤地瓜也很美味。

2　食譜中用的是羊肩排，也可以採用其他部位。羊肉則可以用牛肉、雞肉等等來取代。只是要稍微注意，每種肉品燉煮所需的時間不同。

3　巧克力不僅可以用在烘焙甜點上，以巧克力入菜早已是不少廚師喜愛的美味秘方。我是巧克力愛好者 Chocoholic，並不是愛吃巧克力，而是我喜歡研究巧克力食譜，不管是鹹的料理或烘焙糕點，優質巧克力有種優雅跟魔力，只要善佳利用總是可以帶來驚喜。這道料理就是我心目中的驚喜，燉煮的羊排肉質軟嫩，搭上融入濃郁巧克力的醬汁，再撒上辣椒粉，這個食譜為簡單的燉羊肉料理展現超乎想像的美妙滋味。

# YUMMY HEALTHY

## 為愛料理 ｜ 營養滿點開心享美味

高齡長者牙口不好，吃不下太多高纖維，也咬不動許多食物，而小孩多挑食，有些食物不肯吃，餐點準備起來總是備感侷促。在 Rush Hour 與 Weekend Brunch 單元中，已經有不少料理適合挑食的孩子，但考量到這兩大族群的特殊需求，特別延伸設計成本單元的食譜，著重蛋白質與蔬菜的均衡搭配。適量碳水化合物，讓食物的口感軟嫩、易入口，同時兼具美味，讓家中高齡長者與小孩都能好好享受食物，同時吸收更多的營養。

為了讓腸胃好吸收，有些餐點將食物糊化處理成為濃稠醬汁或膏狀；特別要提醒的是，正在進行減重或需要控制血糖的人，食用前可以先吃點含有脂肪的蛋白質，避免血糖突然升高，而使胰島素分泌曲線在短時間波動太大。

家人生病時常會影響食慾，但此時偏偏需要補充營養，尤其是未成年的孩子。在病中容易入口的食物，長大後往往會變成他們心中的療癒食物（comfort food）。為愛料理，期待本單元一道道滋養身心的食物，能夠深植人心，成為記憶中最美的滋味。

# 豆腐雞胸肉蔬菜餅

## Minced chicken breast and tofu patties

---

**▌材料（3-4 人份）**

雞胸肉　2 片（剁泥）

（或買現成雞絞肉 600g）

板豆腐　1 塊

洋蔥　1 個

胡蘿蔔　半條

羽衣甘藍　1 把

青江菜　1 把

雞蛋　1 個

**▌作法**

1 板豆腐捏碎（若有紗布可用來絞出水分）靜置一下，出水後可瀝乾水分。

2 洋蔥切細丁，胡蘿蔔磨泥，用鍋子略炒一下放涼備用。

3 羽衣甘藍摘葉去梗，葉子川燙 1 分鐘過冰水，擠出水分切細碎。青江菜同樣川燙，然後過冰水切細碎。

4 雞肉泥及步驟❷、❸的所有材料混合，加入打散的雞蛋，調味後用手做出 4 個約 6cm 直徑、1cm 厚的肉餅（每個約重 150g）。

5 平底鍋以小火慢慢將肉餅煎熟，也可以進烤箱以 170° C 烤 10 分鐘。

## Audrey 美味提點

---

1　蔬菜川燙、冰鎮、擠出水分是很重要的步驟，能讓口感變得不同。

2　先將洋蔥、胡蘿蔔略炒過再加入，除了能增加蔬菜的鮮甜味，也可以加速料理的時間。

3　150g 的豆腐含有 500mg 的鈣，內含的大豆皂苷不僅可抑制脂肪堆積，亦可加速代謝率。豆腐含有多種豐富維生素及膳食纖維，屬於低 GI 族的一員，也是長壽荷爾蒙脂聯素的食物來源之一。

4　這道料理含豐富蛋白質與蔬菜，營養價值很高，非常適合老人與小孩食用。可以選用喜愛的沾醬沾著吃，例如加入磨成泥的胡蘿蔔及切成細碎的青菜，除了好入口之外，無形中也增加蔬菜的攝取量。建議前一晚先做好，第二天用烤、煎或微波加熱當作早餐或帶便當。

# 南瓜三重奏佐烤榛果

## Pumpkin 3 ways with roasted hazelnuts

---

**材料（3-4 人份）**

南瓜　1 顆（約 700-800g）

榛果　30 克

帕瑪森起司　30 克

肉豆蔻（Nutmeg）　1 茶匙

羽衣甘藍　2-3 片

●炸物麵糊

　麵粉　50 克

　水　適量

　葵花油　350ml

　（或葡萄籽油、玄米油）

**作法**

1 將南瓜切成兩種形狀：2/3 切成塊狀，另外 1/3 切成 0.3 公分厚片狀。

2 切成塊狀的南瓜取一半份量，磨肉豆蔻粉撒上，以及加入鹽與胡椒，淋上少許油，進烤箱 170°C 烤 15-20 分鐘，烤至表面呈金黃色後取出備用。

3 另外半份南瓜用平底不沾鍋加油炒軟，稍微調味後，放進調理機打成泥狀。

4 準備麵糊：加少許冰塊到麵糊裡，用高燃點的葵花油加熱至可油炸的溫度。南瓜片沾麵糊入鍋油炸，炸好的南瓜放在鋪有廚房紙巾的容器上。羽衣甘藍摘下葉子，沾點麵糊放進炸鍋略炸一下，起鍋當裝飾食材。

5 半底不沾鍋放入新鮮現磨的帕瑪森起司粉，用非常小火慢慢加熱至呈略微融化狀後，取出放涼即可變成酥脆餅乾狀。

6 榛果放入平底鍋以小火慢慢炒酥脆。

7 擺盤：將炸南瓜、烤南瓜及南瓜泥在盤子上組合，再搭配做成餅乾狀的帕瑪森起司及甘藍葉，撒上酥脆榛果便完成。

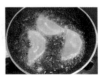

## Audrey 美味提點

---

1　南瓜每 100g 的熱量為 69 大卡，低於地瓜、馬鈴薯、山藥與芋頭，加上膳食纖維含量高達 2.5g，屬於高纖澱粉食物，可以減緩血液吸收葡萄糖的速度。想控制血糖，有時可以南瓜取代米飯作為主食。南瓜中的果膠能保護腸道黏膜，促進膽汁分泌，幫助食物消化，對於輕度胃潰瘍患者很有幫助。

2　榛果是北義大利的名產，被譽為世界四大堅果之一，含有不飽和脂肪酸、葉酸、維生素 B6 及鉀，也有血管清道夫之稱，能降低心血管疾病可能性。

# 帕瑪森起司茄子蔬菜丸

## Roasted mixed vegetable balls with parmigiano reggiano

| 材料（3-5 人份）

日本圓形茄子　4-6 個

（或者用本地產的長茄子 約 800g）

洋蔥　1 個

西洋芹　4 支

雞蛋　1 個

麵包粉　80g

帕瑪森起司　100g

鹽、胡椒　適量

| 作法

1 可用任何放到水分已經乾掉的吐司或歐式麵包，或取新鮮土司／歐式麵包用 90°C 烤 1 小時去掉水分，再以調理機打成麵包粉。

2 茄子切 2 公分丁狀，撒一點鹽和油，進烤箱 170°C 烤 40 分鐘，直到茄肉變軟，取出放涼。

3 洋蔥切細，西洋芹去表皮、纖維切細，把兩個混在一起淋上油，進烤箱 70°C 烤 30 分鐘，放涼。

4 將步驟❶、❷、❸及雞蛋、麵包粉、帕瑪森起司、調味料混合，做成丸子狀，放入烤盤以約 170°C 烤 30-40 分鐘左右，待丸子呈現金黃微焦即可。

## Audrey 美味提點

1 茄子是典型的地中海料理經典食材，除了富含維生素 A、B 群、C 及 P 之外，還有豐富的礦物質、膳食纖維及皂甘，紫色的外皮含青花素及多酚。此外，其綠原酸可以降低腸道吸收糖分的速度，幫助緩和飯後血糖急速升高。

2 據統計，茄子名列小孩討厭的蔬菜第四名，洋蔥跟芹菜也有許多孩子不吃，本食譜正好利用這三種蔬菜加上雞蛋、帕瑪森起司做成丸子，我試過不少次，總能收服孩子的胃口。沾上番茄醬，還有一點類似肉丸子的味道，適合吃蛋奶素的人。

3 茄子中的單寧接觸空氣會迅速氧化，切下茄子後可以先泡在水裡，避免氧化變黑，但仍須盡快料理。

# 希波克拉底湯
## Hippocratic soup

▎材料（3-4 人份）

馬鈴薯　2 顆

熟透大番茄　4 個

西洋芹　3 根

（或根芹 1 個）

蒜頭　3-4 瓣

大蒜苗　2 支（或韭蔥 leek）

洋蔥　2 個

扁葉巴西里　1 大把

水　1000ml

▎作法

把所有的食材切成塊狀（除了巴西里），全部放在鍋中加水煮約 30 分鐘後，加上巴西，然後用調理機打成濃湯。不加任何調味料，或者把蒜頭單獨在最後壓成泥，放在湯上，淋一點冷壓初榨橄欖油即可食用。

## Audrey 美味提點

1　這道湯品可以追溯至 2500 年前，據說是由古希臘醫生、西方醫學之父——希波克拉底研發，他的名言是：「讓食物成為你的藥，讓藥變成你的食物。」提倡利用食物讓身體自然平衡維持健康。

2　這是一道只用清水跟蔬菜做出的湯品，不加油也不加調味料。若平日飲食攝取較多的糖、碳水化合物、肉類，或者是忙碌的壓力，都可能會讓身體的酸鹼不平衡。食譜裡的蔬菜富含維生素、礦物質及膳食纖維，是一道含鉀離子、鹼性高的料理（又稱作鉀化湯 Potassium broth），可以幫助失衡的身體恢復酸鹼平衡，常喝可增進身體健康。

# 綜合芽菜與花椰菜溫豆漿奶昔

## Mixed sprouts, broccoli and soy milk smoothies

---

**▌材料（3-4 人份）**

彩虹綜合芽菜　100g
（紅珊瑚芽、青花菜芽、
羽衣甘藍芽、紫玉高麗芽）
綠花椰菜　1 顆
無糖豆漿　400ml
蘋果　1 顆
腰果　10-15 顆

**▌作法**

1 豆漿用鍋子或電鍋加溫到
40°C 左右。

2 綠花椰菜切小塊，放入加鹽
的沸水川燙 2 分鐘，撈出過
冰水備用。

3 將溫豆漿、花椰菜及綜合芽
菜、蘋果、腰果全部放進調
理機，打成溫的蔬果豆漿奶
昔即可飲用。

### Audrey 美味提點

---

1　超級芽菜是全球餐飲的新時尚，顏色愈多樣代表含有愈多彩虹植化素，不僅能補充人體所
需的酶和蛋白質，其成長過程中釋放的酵素，也是人體維持健康所必須的營養素。但酵素
最怕高溫，一遇烹煮就會流失，因此生吃芽菜是最不破壞其營養素的方式。

2　芽菜加上豆漿的蛋白質、腰果的油脂、蔬果的香甜，溫溫的喝，是一道十分推薦的飲品，
適合早上匆忙出門的學生和上班族、咀嚼能力不佳的長輩，及忙著張羅一家大小的忙碌主
婦，快速補充營養。

3　芽菜料理的方式非常多元，從沙拉、果汁、漢堡三明治等輕食料理，到海鮮肉類都適合搭
配。

# 番茄時蔬義大利米麵湯

## Minestrone with pasta puntalette

---

**材料（3-5 人份）**

洋蔥　1 個

西洋芹　2 支

馬鈴薯　1 個

胡蘿蔔　1 條

新鮮大番茄（切塊）2 個

培根　4 片

蒜頭　4 瓣

番茄罐頭　1 罐

（整粒的或切丁皆可）

四季豆　300g

帕瑪森起司　50g

雞高湯或水　500ml

義大利米麵（Puntalette）250g

**作法**

1 洋蔥、胡蘿蔔、西洋芹切細丁，四季豆用鹽水川燙過冷水。馬鈴薯去皮切丁。培根切丁，蒜頭切薄片。

2 開小火，鍋子放橄欖油，將洋蔥炒至透明，加入蒜片續炒 2 分鐘，再加培根炒到油脂出來，待培根變金黃色後，再加入胡蘿蔔與西洋芹、新鮮番茄。最後，加入番茄罐頭，把番茄用鍋鏟稍切成小塊，放 1 匙鹽。

3 加雞高湯或水繼續以小火熬煮至蔬菜變軟，風味均衡。可以在這時候試味道，鹹度不夠的話慢慢酌量添加。

4 加入米麵，煮到米麵口感軟滑。放入四季豆，再加刨絲的帕瑪森起司。

5 熄火後盛碗，淋上 EVOO 冷壓初榨橄欖油增添芳香草味，撒上胡椒就完成了。

## Audrey 美味提點

---

1　孩子小時候沒有食慾或者有點感冒時，我都會做這一道米麵湯。大量的蔬菜番茄搭配滑嫩的米麵，讓沒有食慾的孩子也願意吃，並且可迅速補充體力。

2　這款蔬菜米麵湯是一道舒心料理，帶點酸甜的味道，暖暖地喝下之後，有種被療癒的感覺。有次在我的料理教學課堂中，一位從美國回來的大學生品嚐第一口時，竟流下眼淚，原來是這味道讓他想起在美國生病時，Home Mom 為他做的類似料理，難掩感動。湯裡的蔬菜、培根都可以增減或加入其他食材，然而番茄湯底還是最關鍵的元素。牙口不好的老人家，也很適合這道料理。

# 花椰菜醬鯷魚義大利麵與自製風乾番茄

## Spaghetti in broccoli puree and anchovy
## with dried cherry tomatoes

### ▌材料（2-3 人份）

鯷魚　6 片

蒜頭（切薄片）6 瓣

義大利直管麵
（spaghetti）200g

小番茄　30 個

迷迭香　3 支

百里香　1 把

●花椰菜醬

花椰菜　1 個

洋蔥　1 個

水　100ml

### ▌作法

1 整理花椰菜，預留 1/3 花球部分，其餘花球與莖切成約 2 公分大小，以滾水加鹽川燙，過冰水。

2 小番茄切對半，放入烤盤，在番茄上面放香草與 1 撮鹽，淋上橄欖油，進烤箱以 100-120°C 烤 4 小時左右，直到小番茄一半數量以上脫水。

3 洋蔥切細丁，用橄欖油炒到透明，加入步驟❶處理好的花椰菜，在鍋中拌炒一下，加入水煮滾、調味，放入調理機打成醬。

4 將切薄片的蒜片用橄欖油以小火煎至金黃撈出備用，再把鯷魚放進鍋用中小火融化，把步驟❶裡預留的 1/3 花椰菜，放進鍋中一起炒，加入適量的花椰菜醬。

5 滾水加鹽煮麵，待麵煮好（按包裝建議的時間），將花椰菜醬放入平底鍋加一點煮麵水，開中小火加熱，把麵放入醬裡，讓醬跟麵充分拌勻後盛盤。將蒜片及步驟❷的風乾小番茄放在麵上，淋一點 EVOO 即完成。

### Audrey 美味提點

1 在盛產番茄的季節裡，可以用烤箱以低溫將番茄風乾，日後做料理非常方便。運用大番茄也可以，切成 4-6 瓣入烤箱同樣低溫風乾。做好的風乾番茄保存在冰箱大約 10 天左右，放在橄欖油裡則可以保存更久。

2 搭配義大利麵的醬要有一定的濃度，所以用調理機打醬時，水分要慢慢地加，也要記得嚐嚐味道。喜歡辣味的人，可以在放入鯷魚時加一些辣椒或辣椒粉。

# 雞胸肉費塔起司青醬薏仁米麵

## Chicken pasta with pesto alla genovese and feta cheese

### ▍材料（3-5人份）

雞胸肉　2片（約400g）

帕瑪森起司　30g

冷壓初榨橄欖油　20ml

費塔起司　50g

薏仁　100g

義大利米麵（Puntalette）　100g

●青醬

　羅勒葉（或九層塔）　1把

　冷壓初榨橄欖油　50ml

　蒜頭　2-3瓣

　松子　20g（或腰果、杏仁皆可）

　鹽　1茶匙

### ▍作法

1 將雞胸肉抹鹽醃大約半天，兩面煎至金黃，放入烤箱略烤5分鐘左右即可盛出，靜置5分鐘，切丁狀。或用水煮法：取一小湯鍋，將雞胸肉放進加了少許鹽的冷水裡，用中火將水煮滾後熄火，雞胸肉留置鍋內燜15分鐘左右，取出切丁。

2 羅勒松子青醬：將青醬食材全部放進調理機打勻。

3 薏仁加水入電鍋煮，外鍋加兩次水，煮好後略燜10分鐘。

4 用加鹽的滾水煮義大利米麵，至口感變軟即可。

5 把步驟❶-❹完成的部分全部拌在一起，加上切丁的費塔起司、切碎的羅勒葉及松子，再淋上冷壓初榨橄欖油即完成。

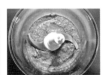

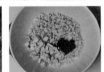

## Audrey 美味提點

1 青醬在義大利叫做 Salsa Verde，是指用綠色蔬菜跟堅果做的醬，而大家比較熟悉的青醬則是指 Pesto alla Genovese，是義大利料理中十分經典的醬汁。可以用九層塔取代羅勒葉，但我個人比較喜歡羅勒葉的淡雅。本書示範的是義大利熱那亞地區的作法，為經典的義大利青醬。

2 加了薏仁與雞胸肉的青醬米麵，味道濃郁、滑嫩可口，可以在宴客時做為沙拉，或用來帶便當，不管是冷冷吃或稍微加熱吃，都能讓人食慾大增。

# 綜合海鮮與酪梨佐白巴薩米克醋飯

## Mixed seafood with lemon, avocado, herbs and balsamico bianco rice

---

**▌材料（4-5 人份）**

蝦仁　300g

生食級干貝　約 4 個

小型透抽　6 條

熟酪梨　1 個（約 300g）

冷壓初榨橄欖油（EVOO）　30ml

綠檸檬　1 個

明太子　2 茶匙

鮭魚卵　100g

美乃滋沙拉醬　2 湯匙

**●壽司飯**

　白米飯　2 碗

　白巴薩米克醋（Balsamico
　bianco），或壽司醋　20ml

　椰糖　少許

　薄荷葉、芫荽　1 把

**▌作法**

1 處理海鮮：將透抽洗乾淨去除內臟，蝦仁去除腸泥、去殼保留蝦尾，干貝表面用廚房紙巾拍乾。

2 蝦仁背後劃開不切斷，用鹽調味，透抽淋上少許橄欖油，並用鹽調味。用平底鍋將蝦跟透抽煎熟，再拌上檸檬皮，取出備用。

3 干貝兩面用鹽、胡椒、大蒜粉、乾燥蒔蘿調味。平底鍋放少許橄欖油及奶油，用稍大火將干貝兩面各煎 1 分鐘至表面金黃，約 5 分熟為佳，取出備用。

4 明太子拌入美乃滋沙拉醬。

5 酪梨切塊，淋上少許檸檬汁避免酪梨氧化變色。毛豆仁用鹽水川燙 5 分鐘過冰水瀝乾，淋上橄欖油備用。

6 白米飯趁熱加上醋及少許糖拌勻。

7 將醋飯鋪底，海鮮盛盤，再依序擺上酪梨、毛豆仁、鮭魚卵，撒上切碎的芫荽及少許薄荷葉，最後擠上明太子美乃滋完成。

## Audrey 美味提點

這道海鮮跟酪梨搭配的米飯料理，是我家備受歡迎的宴客菜。煎過的海鮮拌上檸檬皮及橄欖油，充分展現地中海風情，飄散清新甜美的柑橘風味。壽司飯的醋，我喜歡用以白葡萄為主釀的義大利白巴薩米克醋，酸酸甜甜，與傳統壽司醋做的壽司飯風味略有不同，清淡酸甜中帶著葡萄香氣，無論是大人小孩都十分喜歡酪梨搭配醋飯及海鮮的口感。

# 蘑菇牛絞肉漢堡排佐蘑菇醬

## Beef hamburger with mushroom sauce

---

### ▌材料（4-6 人份）

牛絞肉　800g

洋蔥　1 個

蘑菇　300g

油蔥酥　1 大匙

第戎芥末醬　2 小匙

雞蛋　2 個

伍斯特烏醋　30ml

麵包粉　30g

水　30ml

●蘑菇醬

　蘑菇　300g

　鮮奶油　20ml

　奶油　10g

　水或雞高湯　100ml

### ▌作法

1 吐司或任何麵包放乾或用烤箱小火烤乾，用調理機打成粉狀做成麵包粉。

2 洋蔥、蘑菇切細丁，先炒洋蔥到透明，再加入蘑菇炒到金黃收汁，最後加入鹽跟黑胡椒調味，放涼。

3 取一個盆狀容器，放入牛絞肉、步驟❷的蔬菜、油蔥酥、第戎芥末醬及步驟❶的麵包粉、2 個雞蛋，均勻攪拌後，再放入伍斯特烏醋醬及水，快速攪拌，把水打入肉漿裡，做成一個個漢堡排（約 6-7 個、每個 160g）。肉排

以平底鍋煎至兩面金黃，再加一點水，加蓋用中小火慢慢煎熟。也可以等兩面煎金黃後，進烤箱 180°C 烤約 10-12 分鐘。

4 蘑菇醬：蘑菇切丁，乾炒待蘑菇出水，繼續炒到水分乾後，加入橄欖油、鹽、胡椒，翻炒至蘑菇帶點金黃焦香。倒入高湯或水，煮滾後直到水濃縮成一半，此時加入鮮奶油，熄火。放入調理機打成醬，再放回小煮鍋中加入奶油，充分攪拌至濃稠。

5 將蘑菇醬淋上漢堡排即完成。

### Audrey 美味提點

---

1　現絞牛肉的肥瘦肉比例可依個人喜好混合。蔬菜先炒過，自然的鮮甜味會讓漢堡肉更潤口好吃。加入少許水分打進肉漿裡，則是讓漢堡肉飽水、肉不會乾柴的小秘訣。另外，先將漢堡肉兩面煎至金黃也是鎖住水分的關鍵步驟。

2　生的漢堡肉排可用保鮮膜一個個包好放進冷凍櫃，每次取需要的量略煎一下，進小烤箱約烤 5 分鐘，再放一片起司、切片番茄，擠上沙拉，就是蛋白質及膳食纖維充足的一餐。也可搭配全麥麵包或米飯，用來作為午餐便當。

# 青椒牛肉馬鈴薯派
## Shepherd's pie

---

**▌ 材料（2-3 人份）**

細絞牛絞肉　600g

青椒　2-3 個

紅黃彩椒　各 1 個

蘑菇　300g

洋蔥　1 個

蒜頭　3-4 瓣

紅酒　50ml

伍斯特烏醋　30ml

馬鈴薯　3 個

奶油　20-30g

牛奶　30ml

**▌ 作法**

1 把洋蔥切細，青椒、彩椒切丁，蘑菇切丁，蒜頭磨泥。

2 馬鈴薯去皮入鍋煮，熟透後撈出，加入奶油 30g 左右、鹽少許，以及少許牛奶，用叉子搗碎成泥狀備用。

3 小火炒洋蔥至透明狀，加入絞肉略炒，倒入紅酒至酒精揮發後，陸續加入蘑菇、青椒、彩椒炒大約 3 分鐘。加入伍斯特烏醋，再炒 3 分鐘左右，加鹽與胡椒調味。

4 用適合放入烤箱的容器裝步驟❸的絞肉，上面鋪上步驟❷的馬鈴薯泥，再刷上蛋黃液，進烤箱用 170°C 將馬鈴薯烤至金黃即可。

## Audrey 美味提點

這是稍微改良的「牧羊人派」料理，利用容易買到的青椒蘑菇取代原本的食材——青豆仁。我會事先做好幾個烤盅，包上保鮮膜放進冷凍庫，之後便可隨時拿出來加熱當早餐；或者沒時間備餐時也可用它做快速晚餐，再炒個青菜搭配一起吃，簡單營養又有飽足感。或者，也可以放在便當裡用蒸、微波或烤來加熱，加上一份沙拉，就能輕鬆享用。

# SUPER DESSERT

## 甜蜜的幸福 ｜ 享用甜點輕鬆無負擔

美味的糕點、甜食，就像是點亮夜空的燦爛煙火，觸發難以言喻的愉悅，留下再次邂逅的期待。

我在廚藝教學的過程中認識不少營養師朋友，其中一位曾做了一個赤藻糖醇起司蛋糕，非常好吃又輕盈，讓不嗜甜食的我感到十分驚豔。營養師朋友以這道甜點作為母親節蛋糕，希望運用不同的食材，讓注重健康的母親們也能開心享用甜點而不留下負擔。我很認同蘊藏在這個甜點背後的體貼心意，因為我的母親平日就非常注意控制血糖，再加上現代人的飲食習慣多會造成血糖過高的問題，甚至已經開始影響青少年，身為女兒亦為人母的我，也希望能設計一些更符合現代生活需求的美味甜點，讓大家無論犒賞自己或為心愛的人親手製作，都能安心享用，在生活中輕鬆擁有幸福的片刻。

這份初衷，啟發我著手設計 10 道糕點的靈感，從巧克力的選擇、椰子油的運用、植物奶的使用、減少麩質，提高蛋白質含量、找尋天然食材降低糖分的替代來源，經過深入研究與不斷嘗試，終於找到令我感到滿意的配方與做法。盡量食用原型食物、天然食材是我遵循的原則，甜點亦然。我深信，健康源自於均衡飲食、心情愉快，及多吃天然食物！適量的甜點讓我們享有愉悅的心情，能盡情享受生活！

La dolce vita!

# 低醣香蕉蛋糕

## Low carb banana cake

### ▍材料（4-6 人份）

熟的中型香蕉　5 根（約 600g）

椰子油　80g

雞蛋　3 個

希臘優格　2 湯匙

燕麥片　125g

杏仁粉　125g

烘焙泡打粉
（baking powder）　5g

蜂蜜　2 湯匙

檸檬汁　少許

肉桂粉　2 茶匙

肉豆蔻（Nutmeg）　2 茶匙

鹽　少許

有機香草精　1 茶匙

●裝飾

「　肉桂粉、細糖粉　少許

### ▍作法

1 模具放烘焙紙避免沾黏。

2 燕麥片用調理機打成粉狀。

3 將雞蛋的蛋黃、蛋白分開。
蛋白加檸檬汁打發。

4 香蕉加少許檸檬汁搗碎，可
留一些塊狀增加口感，倒入
優格、蛋黃、杏仁粉、燕麥
粉、椰子油、泡打粉、鹽、
蜂蜜及香草精拌勻。最後加
入打發的蛋白，用切拌方式
使其拌勻。

5 放入烤模。烤箱以 165°C 烤
40-50 分鐘，用叉子試試蛋糕
體是否沾黏，確認有無烤熟。

6 取出烤好的香蕉蛋糕，撒上
少許肉桂粉及糖粉裝飾。

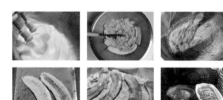

## Audrey 美味提點

1　除了蜂蜜，也可以選擇加楓糖或椰糖。成熟的香蕉本身具備甜味，所以蜂蜜用量可斟酌加減。
　　蛋糕裡可以加上巧克力碎粒、葡萄乾等來增加變化。

2　近來椰子油也常使用在烘焙上，椰子的香氣與香蕉風味十分搭配。可以用奶油代替椰子油，
　　其展現的香味也會很迷人。

3　蛋糕體使用杏仁粉跟燕麥片替代麵粉；杏仁粉是堅果類，屬於油脂跟蛋白質，並非碳水化合物，
　　而燕麥片先用調理機磨成粉狀再使用，兩種食材混合能讓蛋糕體更溼潤好吃。因為沒有使用
　　麵粉，極適合麩質過敏人食用。此外，如果沒有打蛋器，蛋白、蛋黃也可以不分開，加 20ml
　　蘋果醋打勻，即可加入搗碎的香蕉裡。

# 松露黑巧克力
## Truffle chocolate

---

**材料（10 顆份量）**

72% 黑巧克力　200g

腰果奶　100ml

（或其他椰奶、杏仁奶）

椰子油　10g

無糖可可粉　10g

防潮可可粉　少許

**作法**

1 隔水加熱以融化巧克力。

2 加入常溫或稍微溫熱的植物奶，攪拌均勻。

3 加入椰子油拌勻，放入可可粉，用刮刀取出放在鋪有保潔膜的容器裡。

4 放冰箱冷藏至凝固。

5 從冰箱取出後，用雙手塑成圓球型。

6 裹上防潮可可粉即完成。

---

### Audrey 美味提點

1 喜歡吃巧克力的人一定不會忘懷松露巧克力綿密濃郁的口感。一般做松露巧克力的基本材料有：巧克力、牛奶、奶油跟鮮奶油。我這份食譜則是使用植物奶、椰子油及黑巧克力，做出香滑柔細的松露巧克力，提供給對乳製品過敏族群另一個選擇。成品效果絕佳、風味不減，相當好吃。

2 黑巧克力是這道甜點的靈魂！有關巧克力的營養跟選擇，可參考本單元「巧克力沙拉米」的美味提點。基本上我所使用的黑巧克力都是調溫黑巧克力，成分達 72% 以上，裡面的可可脂具有較高抗氧化效果及營養。

# 鹹蛋黃西西里杏仁起司餅乾

## Sicilian almond flour cookies with salted duck egg yolk and parmigiano cheese

### ▌材料（12 片餅乾）

西西里杏仁粉　40g
（或任何其他杏仁粉）

糙米粉　40g
（可以使用椰子粉、燕麥粉替代）

蛋黃　2 個

無鹽奶油　30g

鹹鴨蛋黃　4 個

赤藻糖醇　20g

烘焙泡打粉
（baking powder）3g

鹽　1 小撮

現磨帕瑪森起司粉　20g

### ▌作法

1 奶油慢速打發，再加入蛋黃打勻。

2 鹹鴨蛋黃用不沾鍋小火炒香，磨成粉狀放涼備用。

3 將杏仁粉、糙米粉、赤藻糖醇、泡打粉、帕瑪森起司粉及鹽 1 小撮混合後，將步驟❶的奶油蛋黃放入，攪拌均勻，揉成麵團。

4 用保鮮膜包起來放在冷凍櫃約 30 分鐘。

5 取出麵團，做出喜歡的形狀，可以切片或用模型切割形狀後，進烤箱以 160-170°C 烤 10-15 分鐘。

## Audrey 美味提點

1　這是一款無麩質的鹹味餅乾，使用西西里島生產的杏仁粉，可使香氣更飽滿，且帶著微微焦糖的蜜甜香味，油脂含量也較其他產區略高，是十分優質的食材。

2　有鹹鴨蛋黃香氣的餅乾，吃起來有一點蛋黃酥的感覺，搭配帕瑪森起司，其風味十分協調，兼具奶香與鹹香，別緻又好吃。

3　杏仁粉、帕瑪森起司及鹹鴨蛋黃都富含油脂，因此奶油用量可以斟酌加減。搭配糙米粉的穀類營養，是款高鈣、高蛋白質的餅乾，可以作為孩子的課後點心、登山口糧或上班族午茶點心，補充能量。

4　將鹹鴨蛋、帕瑪森起司拿掉，再增加 10g 糖、10g 奶油，放入 72% 的巧克力碎粒，就可以做出杏仁巧克力豆餅乾了。

# 焦糖椰奶紅棗塔

## Red dates tart with caramelized palm sugar

### ▌材料（3-4 人份）

●塔皮

- 塔模　4 個
- 生蕎麥　250g
- 燕麥　150g
- 紅棗去核　100g
- 蜂蜜　15g
- 椰子油　35g

●餡料

- 椰漿　150g
- 椰子蜜糖粉　120g
- 腰果奶　250ml
- （可用燕麥奶、杏仁奶、榛果奶取代）
- 玉米粉　15g
- （或地瓜粉、葛根粉）
- 吉利丁　1 片

●焦糖椰奶醬

- 椰糖　80g
- 水　15g
- 椰漿　150g
- 椰子油　10g

### ▌作法

1 塔皮：用調理機把上述食材打勻，填入塔模鋪平，放入冰箱備用。

2 餡料：椰漿與腰果奶放在小鍋加溫，待溫度微溫時倒入玉米粉和糖粉，同時使用打蛋器拌勻。

3 吉利丁泡水約 10 分鐘，擠乾水分，放入步驟❷增加濃稠度。

4 焦糖椰奶醬：將糖、水倒在一起煮至結晶後，加入椰漿、椰子油，再以中小火收汁至原液體的一半，裝進擠花袋。

5 成品：將餡料填入塔皮內，再擠上焦糖椰奶醬，即完成焦糖海鹽紅棗塔。

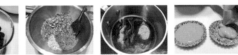

### Audrey 美味提點

1　塔皮以生蕎麥、燕麥搭配紅棗、椰子油製作，無麩質、無奶油。紅棗具甜度可以因此降低糖分的量，也能讓塔皮有著濃郁的紅棗香氣。

2　如果有低 GI 飲食控制需求，不妨選擇低升糖的椰糖來取代一般蔗糖。非精煉過的椰糖含有更多營養，包括氨基酸、維生素 B 群、維生素 C 及短鏈脂肪酸。用來做甜點不但風味迷人，也可以降低身體因攝取過多糖分的影響。

3　焦糖椰奶醬及內餡都是以椰漿、植物奶、椰糖為主。椰漿跟椰子油的營養一樣，富含中鏈甘油三酯 MCT，代謝較快，不容易囤積，可加速能量消耗。椰奶中的月桂酸含有很好的抗菌消炎成分，而植物奶對於乳糖不耐症的人或素食者來說是最佳選擇。

# 綜合水果沙巴雍

## Mixed fruit salad with zabaione

**▌材料（2-3 人份）**

草莓　10 顆

藍莓　30 個

成熟甜柿　1 個

奇異果　2 個

柳橙　1 個

（也可加入任何莓果或水蜜桃等）

**●沙巴雍醬**

蛋黃　4-6 個

赤藻糖醇　40g

（或砂糖　40g-50g）

血橙白蘭地　60ml 左右

（可以用香檳、加烈酒、馬莎拉 Marsala、白葡萄酒或無酒精的果汁代替）

**▌作法**

1　準備水果：將各式莓果及任何水果，依個人喜好的大小切好，放在烤盤上。

2　製作沙巴雍醬：將蛋黃、糖、白蘭地以 1：1：1 的比例準備好。把蛋黃跟糖放在小鍋中，充分打勻。另準備一個大鍋，裝七分滿的水，待煮滾後，轉小火，將前述小鍋隔水加熱，再加入液體，持續攪拌，直到整個質地濃稠而不結塊。鍋內的水溫盡量控制在 68-70°C 左右，比較容易成功。

3　將 1/2 的沙巴雍醬淋在水果上，進烤箱用 200°C 烤大約 6-8 分鐘，將蛋黃醬烤上色。

4　若想保持水果的新鮮跟口感，也可以不放入烤箱，改用噴槍將蛋黃醬上色。

5　剩餘的沙巴雍醬放在透明的杯子裡，放上拇指餅乾（sponge fingers）。

6　水果盤及杯子兩種吃法可一起搭配。

## Audrey 美味提點

1　沙巴雍的做法相當簡單，主要食材有三種：蛋黃、糖、酒或果汁，基本比例是 1：1：1，但可隨著酒或果汁甜度來調整糖的量。赤藻糖醇的甜度是一般砂糖的 70%，可依個人喜好來增減用量。不需減糖飲食的人，可使用一般甜度較高的砂糖。

2　製作沙巴雍成功的關鍵，在於「隔水加熱的溫度」跟「攪拌程度」。不妨多試幾次，找到適合自己的方法。除了製作甜品，沙巴雍也可以做成鹹的料理，例如有些日本料理會將味增、淡醬油或海膽加入蛋黃裡，製成鹹的沙巴雍，放在魚料理上進烤箱烤至金黃。

3　加入的酒可以選擇自己喜歡的風味，義大利傳統做法是加入馬莎拉（Marsala）酒，而我喜歡用血橙白蘭地，具有香濃烈酒及柑橘的香氣，帶來大人世界的微醺甜美，是一道歡樂聚會中的人氣甜點。

# 覆盆子赤藻糖醇乳酪蛋糕

## Raspberry erythritol cheesecake

### ▌材料（6-8 人份）

#### ●蛋糕基底

- 消化餅　120g
- 無鹽奶油　60g

#### ●生乳酪內餡

- 奶油乳酪　375g
- 赤藻糖醇　33g
- 鮮奶油　170g
- 酸奶　70g
- 吉利丁　6-8g

#### ●裝飾用果醬

- 冷凍覆盆子　300g
  （或任何喜歡的水果）
- 檸檬汁　15g
- 糖　30-50g

### ▌作法——覆盆子起司蛋糕

1 首先將奶油乳酪和酸奶（優格）放室溫回溫。

2 蛋糕基底：將消化餅用密封袋壓碎，或用食物調理機攪拌。待奶油融化，一起放入攪拌機攪勻，鋪在 6 吋底盤上，可用重物壓緊壓實，放冷藏備用。

3 吉利丁泡冰水。軟化後，使用前把多餘水分擠乾。

4 鮮奶油和糖倒入鍋中煮滾，熄火，加入吉利丁。

5 把放在室溫軟化後的奶油乳酪，用打蛋器攪拌，加入酸奶（優格）拌勻，倒入煮過的鮮奶油混合，攪勻即可放入擠花袋。

**▌作法──裝飾用果醬**

冷凍覆盆子加檸檬汁、赤藻糖醇,小火煮至濃稠,放冰箱降溫備用。

**▌作法──組合蛋糕**

拿出鋪好消化餅乾的蛋糕模,邊緣依序擺放一排冷凍或新鮮的覆盆子。再將步驟❺做好的奶油乳酪擠入蛋糕模,放入冰箱3小時,即可將裝飾用果醬抹勻在蛋糕表面,最後放上新鮮覆盆子,撒糖粉即完成。

## Audrey 美味提點

1　這款蛋糕的創作背後有個故事。有一次幫我安排廚藝課程的營養師帶來一款藍莓乳酪蛋糕,我吃了一口驚呼:「這蛋糕好好吃!」原來這是她因應母親節而設計的一款生乳酪蛋糕,用赤藻糖醇製作,不甜不膩口。之後我若有辦活動,都會請營養師朋友幫我做這款甜點,受到相當多中高年齡族群的喜愛。我的母親也是屬於較高血糖族群,這促使我開始尋找適合的甜點,讓有健康顧慮、怕胖的人,偶爾也可以享受生活中的甜蜜,藉由營養師朋友的食譜分享,為大家做出這款不甜不膩、清爽輕盈的生乳酪蛋糕。

2　赤藻糖醇(Erythritol)是一種四碳糖醇,甜度約為蔗糖的70%,每g僅含熱量0-0.2大卡,不會造成食用後血糖明顯上升,適合用來替代蔗糖,給需要控制血糖族群、減重族群的人放在甜食或飲料中。由於是從玉米發酵而來,建議盡量選用非基因改造、有機來源的赤藻醣醇。

# 巧克力沙拉米

Salame di cioccolato

---

## 材料（6-8 人份）

70% 調溫巧克力

（Couverture Chocolate） 200g

100% 調溫巧克力　100g

無鹽奶油　150g

蛋黃　3 顆

消化餅乾　100g

芒果乾　60g

杏桃乾（apricot）60g

開心果仁　50g

腰果（或其他綜合堅果）　50g

無糖純可可粉　50g

赤藻糖醇　40g

（或椰糖　30g）

蘭姆酒

（或香橙干邑、馬莎拉）　20ml

## 作法

1 將 70% 跟 100% 的調溫巧克力全部分量加在一起，放在鍋子裡隔水加溫，直到巧克力融化。

2 無鹽奶油用打蛋器打勻，加入 40 克的赤藻糖醇，繼續用打蛋器將兩種食材打勻。

3 將杏桃乾跟芒果乾切成小丁狀，接著把腰果跟開心果切碎，消化餅乾敲碎。

4 將步驟❷的糖跟無鹽奶油＝打勻後，加入 3 顆蛋黃，用打蛋器攪打均勻。

---

**5** 把調溫巧克力加入步驟❹，攪拌均勻，接著放入可可粉及蘭姆酒。

**6** 把所有切碎的堅果果乾、消化餅乾，倒進步驟❺的巧克力甘納許，攪拌均勻。

**7** 將保鮮膜撕下展開，把步驟❻的混合巧克力放在保鮮膜上面，用手將巧克力滾成圓筒狀，可以利用做壽司的竹簾協助塑型。將圓柱形狀巧克力放在冰箱中，冷藏至少 5 個小時以上。

**8** 把巧克力從冰箱拿出來沾上糖粉，如果置放時間稍久的話，可以沾上防潮的糖粉，就完成巧克力沙拉米了。

**9** 巧克力沙拉米用任何你喜歡的切法，切下來盛盤享用。

## Audrey 美味提點

1  食譜裡使用的是調溫巧克力（Couverture Chocolate），其中的可可脂沒有被氫化過的油脂取代，還保有原始巧克力的營養跟抗氧化功能。根據美國心臟學會最新研究顯示，好的黑巧克力能降低心臟病危險，因為巧克力所含的多酚，可降低血栓和中風（Stroke）的風險，還能減少壞膽固醇量，有效避免氧化及動脈硬化。

2  可可脂在不同溫度下會形成不同的結晶狀態，調溫的步驟就是讓可可脂在特定的溫度下產生穩定的好結晶，使得巧克力呈現漂亮的光澤和脆度。而我選擇調溫巧克力的原因，除了巧克力的品質外，若將其再次融化後製作，能讓巧克力呈現優質的結晶體，成品呈現光亮細緻狀。

3 Tempering 是這道巧克力的作法。調溫黑巧克力在 31° C 以上會融化，待溫度超過 50-55° C，巧克力的油水會分離，因此我們用隔水加熱來融化巧克力。當調溫巧克力在 16° C 以下，會再次凝固，所以成品做完後，要再放入冰箱冷藏 5 小時以上。因為含有容易在 28-31° C 以上就融化的可可脂，所以這道巧克力完成品盡量在冰箱冷藏儲存。

4 這道既優雅又可口的巧克力沙拉米，切開後的斷面可以看見消化餅、堅果及果乾，形狀很像義大利火腿 Salami 切開的斷面，因此將它取名為巧克力 Salame di Cioccolato。

5 以巧克力的製作來說，這個食譜算簡單易做。如果不想加入蛋黃，可以加入牛奶來取代。

6 在義大利，大部分的家庭都有自己的食譜，可以隨著自己的喜好，添加果乾或者任何食材。非常推薦大家動手做做看，無論是給家裡的孩子或者用來宴客，一定會大受歡迎。

# 義大利凍糕佐藍莓醬

## Blueberry semifreddo

---

**材料（6-8 人份）**

**●內餡藍莓醬**

藍莓　250g

赤藻糖醇　40g

檸檬汁　2 湯匙

水　1 湯匙

肉桂粉　1 茶匙

肉豆蔻粉　1 茶匙

**●裝飾藍莓醬**

藍莓　150g

赤藻糖醇　20g

檸檬汁　2 茶匙

巴薩米克醋　20ml

水　50ml

**●奶霜凍糕**

雞蛋　4 個

鮮奶油　400g

赤藻糖醇　100g

（分成 3 份：30g 做沙巴雍、

40g 做蛋白霜、30g 做鮮奶油）

天然香草精　2 茶匙

檸檬汁　4 茶匙

香橙柑橘白蘭地　60ml

（或任何香檳、白葡萄酒、瑪

莎拉酒、伏特加、果汁替代）

**作法**

1 做內餡藍莓醬：將內餡藍莓食材放在小型湯鍋中，用小火熬煮約 30 分鐘，放進調理機打成泥狀，待冷卻放冰箱備用。

2 做裝飾藍莓醬：50ml 的水加赤藻糖醇以小火煮滾成糖漿，再放入藍莓、檸檬汁、巴薩米克醋，用小火煮 8-10 分鐘，保持藍莓的顆粒狀，待冷卻放冰箱備用。

3 做奶霜凍糕：奶霜凍糕體是由打發鮮奶油、蛋白霜跟沙巴雍組合而成的。

沙巴雍：4 顆蛋蛋白、蛋黃分開。蛋黃加上 50g 赤藻糖醇及 60ml 酒，放在不鏽鋼調理碗中，取一寬口鍋裝水七分滿，煮至 70-80°C 左右轉小火，將裝有蛋黃混合液體的不鏽鋼碗置於熱水上，隔水加熱，快速攪拌呈濃稠的蛋黃醬，待冷卻，放冰箱備用。（詳細作法可參考 P241 綜合水果巴沙雍）

蛋白霜：蛋白加上 40g 赤藻糖醇、4 茶匙檸檬汁，放在調理用不鏽鋼碗或玻璃碗中，放在剛剛的熱水上，用打蛋器快速打發蛋白，呈現硬性發泡狀態後，離開熱水繼續打發 1 分鐘，讓蛋白有光澤。

發泡鮮奶油：鮮奶油加上 40g 赤藻糖醇，用打蛋器快速打發，直到奶泡固定不滑落。

4 將步驟❸的沙巴雍分三次加入發泡鮮奶油，用刮刀以切拌的
　方式攪勻，再將蛋白霜分三次加入，一樣用切拌的動作，充
　分攪勻。

5 長型吐司模型鋪上保鮮膜，再依序加入一層奶霜糕、一層內
　餡藍莓醬。共放入三層奶霜、二層藍莓醬。再包覆保鮮膜，
　放入冷凍櫃至少 24 小時以上。

6 取出凍糕，用熱的刮刀將表面刮平整，將裝飾藍莓醬鋪在表
　層，即可切開分享食用藍莓口味的凍糕。

## Audrey 美味提點

1 這款義大利甜點 Semifreddo 凍糕，雖然義大利文直譯是指半冷凍冰品，但事實上這款甜
　點是指質地軟滑、充滿奶香的冷凍冰品。不但要冷凍，甚至建議至少冷凍 24 小時以上再
　享用。

2 不像冰淇淋是用勺舀出來吃，這款凍糕是用切片來呈現，即便家裡沒有冰淇淋製冰機也可
　以製作。這份食譜利用三種甜點技巧：沙巴雍、蛋白霜跟發泡鮮奶油，組合成凍糕，三種
　技巧在本甜點食譜中都各有詳細介紹。

3 在義大利，不少餐館都會有自家私房的 Semifreddo 食譜，當中最常吃到的是杏仁雙口味
　的。因為義大利有一種傳統的杏仁餅 Amaretti、杏仁蛋白餅，因此，餐廳通常會用這個
　蛋白餅來做這款凍糕。本食譜做成藍莓口味，相當清爽好吃，也以赤藻糖醇來代替一般蔗
　糖，糖分用量可根據個人口味增減。

# 達克瓦茲伯爵茶鮮奶油餡

## Earl grey cream dacquoise

**材料（8個份量）**

**●餅皮**

- 杏仁粉　120g
- 蛋白　4個（約140g）
- 赤藻糖醇　60g
- 檸檬汁　2茶匙
- 無鋁泡打粉　2g

**●伯爵奶茶醬內餡**

- 伯爵茶包　1袋
- 赤藻糖醇　30g
- 玉米粉　8g
- 鮮奶油　60g＋250g
- 奶油　30g

**作法──餅皮**

1 蛋白加少許檸檬汁、泡打粉開始打發。過程中，將40g糖分成數次慢慢加入，打至硬性發泡。

2 將杏仁粉與20g糖粉過篩，分次加入打發的蛋白，用切拌法攪拌，以避免打入太多的空氣。裝入擠花袋。

3 用達克瓦茲專用模型，擠入餅皮糊，並用刮刀將表面刮平。

4 脫模，用篩子在餅皮表面篩入糖粉，重複兩次。

5 烤箱預熱200°C，將餅皮放入，溫度轉成180°C烤12分鐘左右。餅皮顏色呈金黃即可取出，放涼。

**▎ 作法──伯爵奶茶內餡（前一晚準備好）**

6 取一小鍋，放入 60ml 的鮮奶油，將伯爵茶包拆開，過篩，
　將茶粉放入鮮奶油裡。依序放入玉米粉攪拌均勻，再放入奶
　油。

7 將小鍋置於爐上，開小火，將步驟❶的伯爵茶鮮奶油攪拌加
　熱到約 80°C，不要沸騰。再加入 250ml 的鮮奶油，充分攪
　拌均勻。待冷卻後便放在冰箱 6 小時以上，再把醬打至濃稠，
　放入擠花袋中。

**▎ 作法──餅皮**

8 將餅皮分成兩份，把內餡擠入一半的餅皮上，再將兩片合起
　來，完成 1 份達克瓦茲成品。

# Audrey 美味提點

1　傳統的達克瓦茲 Dacquoise ，源自於法國西南部 Landes 地區小鎮達茲（Dax）。是一種由蛋白、杏仁粉和糖粉所製成的蛋白餅，也是我在義大利廚藝學院的烘焙課做得最多的一道甜點。這份食譜是台灣常見的 Dacquoise 作法，我個人很喜歡。做好的餅外皮酥脆、內餡甜蜜，讓人忍不住一口接一口。

2　加入蛋白的赤藻糖醇跟一般蔗糖最大的區別，就是蛋白較不容易打發成型，所以我利用檸檬汁的酸來增加蛋白打發。比起加一般蔗糖，我會建議增加 1 個蛋白的量。如果沒有特殊需求，用一般砂糖來做的確比較容易有酥脆的餅皮！不過這份食譜也能做出成功的達克瓦茲。

3　一般達克瓦茲的內餡，都會用奶油霜 butter cream 來製作，我則是用鮮奶油跟伯爵茶來做。奶油少了 2/3，在室溫下一樣會成型，不會變成液體。這款伯爵鮮奶油醬很像伯爵奶茶，有著伯爵茶的芳香和鮮奶油的奶香，配上酥脆的餅皮，深受大人小孩喜歡。

# 輕盈優雅的帕芙洛娃

Pavlova

---

**▌材料（3-5 人份）**

蛋白　4 個

赤藻糖醇　40-50g

天然香草精　1 茶匙

（或香草豆莢 1 個）

有機葛根粉　8-10g（或玉米粉）

檸檬汁　10g

**●裝飾**

鮮奶油　200ml

赤藻糖醇　10g

各種季節性多顏色水果：

藍莓、覆盆子、奇異果、橘子、

草莓、芒果、百香果

**▌作法**

1 取一個大鋼盆或任何容器（要非常乾燥沒有油、沒有水），放入 4 個蛋白，再加入 5g 檸檬汁、1 茶匙香草精，接著用攪拌機將蛋白打發。

2 40g 的赤藻糖醇分成 4-5 次，慢慢地加入打發的蛋白中，持續打發。

3 再把剩下的 5g 檸檬汁跟葛根粉加入蛋白中，將蛋白打至硬性發泡（容器倒過來，蛋白依然不會倒出來）。

4 烤箱用 150°C 預熱 10 分鐘。

5 烤盤上放入矽膠墊，將打發好的蛋白倒入烤盤中央，盡量做成直徑約 15-17 公分的圓柱形，中間 10 公分的地方做成稍微凹陷，蛋白餅的外圍不需要平滑，用抹刀稍微抹勻即可。

6 蛋白餅放入烤箱後，把烤箱溫度降至 90-100°C，烤 2-2.5 小時。

**7** 烤的過程中，每隔 1 小時就需注意蛋白餅是否上色，如果有微微上色就可將烤箱溫度維持 90° C 以下，用下火烤。目的是烤乾蛋白餅，維持雪白的顏色。

**8** 烤了 2-2.5 個小時之後，確認蛋白餅維持白色，可繼續用 90° C 下火烤 30 分鐘。烤好後，讓蛋白餅在烤箱裡放至少 1 小時再拿出來，放涼後，餅的外皮是酥脆的口感。

**9** 裝飾：將 10g 的赤藻糖醇放入鮮奶油打發。季節性水果切成喜歡的形狀，把鮮奶油放入蛋白餅的中央凹陷處，再以水果裝飾。也可以將莓類水果做成果醬，淋少許在蛋白餅上面做裝飾。

## Audrey 美味提點

1　來自澳洲非常有名的甜點 Pavlova，特色是食材非常簡單，以蛋白、糖、白醋或檸檬汁加上玉米粉類製作。傳統的做法為使用大量的糖，而我將其改良為減醣蛋白餅。利用赤藻糖醇取代一般的糖，讓無法攝取過多糖量的族群也可以安心食用。葛根粉可用玉米澱粉取代，檸檬汁取代塔塔粉，如此一來，一大塊餅約只有 10 卡的熱量。

2  赤藻糖醇可以上網購買，一些網站可以買到物美價廉的有機赤藻糖醇，十分推薦。

3  為了保持烤的過程不讓蛋白餅上色，溫度需要特別注意。一般食譜書通常會建議用 120° C 烤 1 小時，但這個食譜沒有太多食品添加物，加上每家的烤箱功率不一樣，必須自己判斷溫度跟時間。經過幾次實驗後，我覺得約 80-100° C 是最恰當的溫度。但也因為溫度比一般傳統製作降了 20° C 左右，所以建議烤的時間要增加。

4  目前嘗試最成功的製作時間是以 90° C 上下火烤 2.5 個小時，再額外以下火烤 30 分鐘，接下來，將蛋白餅留在烤箱內 1 個小時，如此就可以做出雪白的蛋白餅。蛋白餅上面，可以用任何喜歡的水果裝飾，或者只要將打發鮮奶油放在蛋白餅上，淋上百香果就非常美味，推薦在聚會中享用或者當作生日蛋糕。外皮酥脆、內部像棉花糖般的帕芙洛娃，是一道大人小孩都喜歡的甜點。

# APPENDIX

# 開一瓶喜歡的酒，
# 盡情享用佳餚吧！

地中海飲食對我而言，就是一種 lifestyle，也是開啟另一個世界，轉換生活方式、享受人生的最佳選擇。在享用地中海佳餚時，以喜歡的酒來佐餐，不僅能讓共聚的親友們放鬆心情、彼此交流，也可為生活帶來豐富的情趣。地中海飲食金字塔最底層是「convivial 歡樂」之意，還記得義大利老師說，這個字的拉丁字源是指「併桌」，由此也可想見眾人歡聚的景象。

撰寫這本書的過程中，身為我多年好友同時也是資深廣告人的許益謙，無論在藝術收藏、衣著美學、生活品味上都相當高深與雋永；對各類美酒多所涉獵、研究的他，其實也是早年引領葡萄酒品飲文化的先行者。他嚐遍了我食譜中的每一道料理，因此我特別邀請他和大家分享他自己的餐酒搭配心法。

「1985 年，我因為藝術家朋友范姜明道開始接觸葡萄酒，剛開始我並不喜歡，覺得它澀澀的並不好喝，但范姜說現在美國流行喝加州 Napa 的葡萄酒，當時的社會風氣就是崇尚美國的流行，於是我開始喝葡萄酒。」許益謙聊起了與葡萄酒的緣分，「不久後，范姜邀我一起開一間 Wine Bar，4T5D，那是台北市唯二的紅酒酒吧。記得當時我只有一個要求，就是免費喝酒。那時我們都喝法國波爾多五大酒莊的酒，一瓶大約兩千多元，因此我特別偏好波爾多的葡萄酒，這是我的喝酒經歷。」後來朋友聚餐，大家都找許益謙點酒，「我的原則就是點酒單上最便宜的那一款酒！」原因有三個，首先是大部分餐廳的藏酒等級我們都不熟悉，因此選最實惠那一款就好。再來是因為朋友請客，沒必要讓朋友太過破費。而且，單價最低的酒通常就是最符合大眾口味的。

「其實，我們大部分人分辨葡萄酒的能力普遍不高。」許益謙進一步分析，葡萄酒的品質與價錢當然是有差異的，如果差異在幾千元之間，一般大家不太能分辨，但一、兩千元和一、兩萬元之間

的差異就很顯著，只是點上萬元的酒對請客的主人來說，禮貌上不好意思。

除了分享如何在宴席間挑一瓶令賓主盡歡的酒，大家總會感到好奇：這一道料理與哪一款酒最為搭配？許益謙認為，這其實是個很嚴苛的問題，「關於酒，我覺得大家不需要這麼嚴肅去看待它。」談起料理，大家普遍都會給予很大的寬容度，但是對於飲酒這件事，其實完全就是個人偏好的問題。「比如我很喜歡香檳，如果問我料理可以搭配什麼酒？我認為香檳可以全搭，不管餐前、佐餐，甚至在餐後搭配甜點都很合適。」許益謙說，「今天如果有人請你吃飯，整個過程都是搭配香檳，那你應該要覺得無比幸福！對我而言，香檳不會搶奪任何菜的風味，反而有一種加乘的效果。」回到酒的個人偏好，許多人喜愛威士忌，用來佐餐卻擔心濃烈的風味是否能與料理相互搭配？許益謙分享個人的經驗是：幾次用威士忌與我做的料理搭配一起吃，根本毫無違和感。

餐與酒的搭配如果真要講出一個道理，許益謙認為，那就：地菜配地酒。比如地中海料理，就是適合搭配地中海沿岸的義大利、法國及西班牙等區域的酒。其實義大利葡萄酒的產區比法國更多、更大，種類也更驚人，如南部的 Puglia、Sicilia 多種原生品種葡萄酒，托斯卡尼的 Chianti、皮埃蒙地區的 Barolo、Barbaresco，還有北義所產的氣泡酒 Prosecco 跟 Franciacorta，都是非常經典與廣受歡迎的酒，很適合搭配地中海料理。

許益謙觀察，現代人的飲食習慣普遍都是混搭風格，不需要改變自己的飲酒習慣，想怎麼搭餐都可以，隨心所欲即可。餐與酒的搭配享用，不需要像研究學問一樣，一定得分辨出所謂的前味、中味、後味。以酒佐餐最重要的是，藉由一點點酒精的作用，讓我們的感官進入些微的麻痺狀態，幫助我們放輕鬆，因而產生更多的想像空間，去享受當下這一刻。對許益謙而言，喝酒和吃菜是兩件事，上乘的飲酒哲學，就是什麼酒搭什麼菜都可以！

近年來國際營養學家提出一種名為「法式矛盾」的理論，讓流傳數千年歷史的葡萄酒再度成為飲食的熱門焦點。據研究發現，地中海區域包括法國、義大利、希臘、西班牙等地的人們，罹患心血管疾病的比例相對較低，而這些地區大部分的人都會以葡萄酒佐餐。我認為，除了葡萄酒中含有的白藜蘆醇 Resveratrol、類黃酮 flavonoids 等多酚及抗氧化劑等成分之

外，適量酒精催化的微醺狀態，讓歡聚的人們更能敞開胸懷，盡情享受當下的美好時光，對健康有極大助益。

現在，就挑一瓶喜愛的酒，搭配佳餚盡情享用吧！

# 親手做，
## 地中海減醣便當

**走**進廚房親手做料理，同時準備隔天中午的便當，已經成為年輕世代越來越風行的生活趨勢。為了準備便當，我在前一天準備晚餐會特別料理合適的菜色，規劃書中食譜時，我也把這樣的需求納入考量，設計多道能方便快速組合成美味便當的菜色。

除了在食譜中提供延伸為便當菜色的小建議外，在本單元中我整理了一些製作便當的經典原則，以及善用容器增添飲食樂趣的小秘訣，期待和大家一起分享美味的地中海料理便當。

備受推崇的地中海飲食，搭配哈佛健康餐盤的 211 飲食概念，是本書最核心的設計精神。以一道道地中海料理準備便當時，在份量上也同樣建議依循蔬菜 2 份、蛋白質 1 份以及碳水化合物 1 份的比例。而便當裡該放什麼菜色？其實一個很關鍵的決定因素在於：如何再加熱？畢竟，有些菜色必須以特定方式再加熱才能保持美味。

用蒸的方式加熱便當，限制較多：蔬菜類建議以高麗菜、花椰菜、茭白筍等不易變黃與出水的類型為主。蛋白質部分，選擇燉肉與蛋類料理都很合適。另外，碳水化合物的部分，米飯類、玉米、胡蘿蔔、地瓜、南瓜等根莖類都很適合。

微波再加熱的方式，限制就比較少：綠色的蔬菜比較不會變黃，可以選擇菠菜、芥蘭菜等時令綠色蔬菜。蛋白質部分，則可選擇酥炸的肉類，甚至是海鮮也沒有問題。至於碳水化合物，炒米粉、炒飯等，都可以透過微波再加熱。

帶便當最讓人期待的就是在盒蓋打開的那一刻。只要能善用器具、加入一些小巧思，都可以讓便當的美味加分，充滿變化樂趣。

在寒冷的冬天，我很推薦用寬口保溫瓶來盛裝熱湯。書中的幾道湯品包括：米麵湯、肉丸子湯、濃湯、羽衣甘藍湯，都很適合用這樣的方式來攜帶，搭配一

個麵包，就是讓人全身暖呼呼的舒心餐。
波隆納肉醬也很適合用保溫瓶盛裝：在
煮好的義大利麵上淋一點橄欖油，裝進
另一個容器裡，享用之前再把兩者組合
起來，總是能吸引旁人羨慕的眼光！

悶熱的夏日，不妨拿個透明玻璃罐為自
己準備一道「番茄黃瓜明蝦天使麵」，
這道清爽的冷麵，讓人頓時暑氣全消！

忙碌的上班時間，簡單方便的三明治深
受許多人喜愛。想讓自己營養更均衡，
不妨再搭配一份爽口的沙拉。而一個具
有保冷功能的便當盒，就很適合盛裝沙
拉或其他需要保持低溫的冷食，例如涼
麵，或食譜中的「蘿蔓彩椒雞胸肉毛豆
仁沙拉」、「羽衣甘藍鮮蝦佐酪梨沙拉」
等。

為自己及心愛的家人準備便當菜，用營
養又美味的心意來好好款待身心。

# 主廚的 香草

## 芫荽 Coriander

芫荽又稱為香菜，英文別稱為 Cilantro，氣味帶點檸檬和花香，其葉跟種子 coriander seeds 都是常被入菜的部位。在許多亞洲、拉丁、印度菜餚及地中海飲食中，多被用來當作搭配料理的香草。常使用於湯品、海鮮、咖喱、湯麵等料理中。

## 鼠尾草 Sage

料理上使用的鼠尾草，屬於薄荷科的芳香草本植物，葉子稍微辛辣，氣味濃郁。原產於地中海地區，新鮮或乾燥的鼠尾草在許多食物中都會使用到，特別是在家禽、豬肉的餡料以及香腸中。鼠尾草常用於和油膩的料理搭配使用，最有名的就是美國感恩節時的烤火雞，會用鼠尾草、洋蔥和其他食材一起塞入火雞內當作填料，烤出的火雞就會帶有鼠尾草的香氣，並可去油膩。此外，義大利也會用鼠尾草來製作成香料麵包。

## 羅勒 Basil

亦稱為甜羅勒，屬薄荷科，原產於印度，為料理中常用的香草。常見的甜羅勒帶有甜味及薄荷、茴香的香氣。羅勒通常用於搭配番茄、起司、茄子、肉醬、沙拉、醬料等料理上。另外還有熱那亞羅勒（Genovese Basil），是甜羅勒的一種，葉子形狀較小，可謂是做青醬的最佳選擇，不過台灣比較少見這款。

## 蒔蘿 Dill

屬歐芹科，其乾果和葉子會用來調味食物。蒔蘿原產於地中海國家和東南歐，帶有一種溫暖、略帶刺鼻的味道。新鮮或乾燥的蒔蘿常用於調味湯、沙拉、醬汁、魚、三明治餡等，尤其是使用於醃製泡菜。此香草最常看見的是以煙燻鮭魚來搭配，或用於烤魚等料理。

## 扁葉巴西里 Parsley

一般巴西里是指帶有捲曲或扁平綠色葉子的香草植物，主要用於食物增添風味或裝飾用途。這裡介紹的是扁葉巴西里 Parsley，也稱為義大利香芹或者是洋香菜，味道清新，帶有青草味，適用於奶油醬或混合到莎莎醬及香蒜醬中。另外，也用作配菜，作為料理的裝飾，增添顏色及帶來青草風味，是地中海料理中最廣泛被使用的香草。

## 奧勒岡 Oregano

也稱為牛至或披薩草。牛至的名稱，來自於牛生病時會找尋這種草來吃，以治癒自己，顯示其具有相當程度的抗氧化能力；牛至精油則對呼吸道有保護的作用。長期以來，奧勒岡一直是地中海烹飪的重要香草，具有濃郁的香氣和溫暖的辛辣味道。乾燥的奧勒岡葉是義大利披薩上常用的香料，所以也被稱為披薩草。最常見的用途包括以番茄為中心的食譜如披薩、義大利麵醬，和以橄欖油為基礎的菜餚。與橄欖油混合製成的牛至油，可以當作羊肉、雞肉和牛肉菜餚的醃料。

## 薄荷 Mint

屬於唇形科，有幾種不同的類型，上圖為一般常用在料理或飲品的薄荷。薄荷含有薄荷醇，是一種鎮靜藥草，幾千年來人們一直使用它來幫助緩解胃部不適或消化不良，可謂非常普遍，用途相當廣泛。新鮮或乾燥的薄荷常運用在許多料理中，如沙拉、湯品、沾醬料、中東料理，亦可搭配優格、香草茶飲及調配雞尾酒等。薄荷精油也常見於保健產品、牙膏、口香糖、糖果和美容產品中。

## 蝦夷蔥 Chives

又稱為細香蔥，是洋蔥的家族成員之一，帶有細膩溫和的洋蔥味，在烹飪上常運用在醬汁、新鮮沙拉、雞蛋料理及湯上面的裝飾。將細香蔥與軟化的奶油混合，可加在烤牛排、雞肉料理中，也是烤馬鈴薯的經典配料。

## 迷迭香 Rosemary

屬薄荷科小型常綠植物，原產於地中海地區。葉子帶有辛辣味，微苦，料理上多用葉子來調味，特別是羊肉、鴨肉、雞肉、香腸、海鮮、餡料、燉菜、湯、馬鈴薯、番茄及菇類等蔬菜。也可以用於飲品，是台灣很容易買到的陽台香草植物。

## 百里香 Thyme

唇形科的一種開花植物，俗稱百里香，產於南歐、地中海沿岸，帶著草本木質香氣，料理上常用於湯、燉菜、麵包、肉類、魚類及蔬菜等，用途很廣。百里香與迷迭香經常一起使用，尤其是用於燒烤肉類、爐烤蔬菜等。

## 因陳蒿 Tarragon

也稱為龍蒿，香氣濃郁，帶有淡淡的甘草味，常見於法式烹飪上，例如使用在沙拉醬、醬汁、魚和雞肉的料理中，特別是用於烤雞，能為料理增添清新的香草味道和優雅氣息。在水果沙拉加上 Tarragon，會帶出一些特殊香氣，讓水果沙拉散發不同的風情。因陳蒿比較少見於中式或亞洲料理，在市場上有新鮮和乾燥兩種選擇。台灣一般市場或超市較少看到新鮮的 Tarragon，也可使用乾燥的來替代。

# 主廚常備食材與
# 食品調味罐

### 新鮮蔬菜類

有洋蔥、番茄、胡蘿蔔、西洋芹、蒜頭、紅蔥頭、羽衣甘藍、小黃瓜、茄子、馬鈴薯、地瓜、各種生菜類、老薑、青蔥、蒜苗、韭蔥、彩椒、菇類、櫛瓜、白花椰菜、綠花椰菜、芥蘭菜、菠菜、絲瓜、南瓜、檸檬、辣椒等，以本地時令蔬菜最佳。

### 魚肉蛋奶豆類

優質蛋白質來源，包括各種新鮮海鮮、肉類及禽肉產品、雞蛋、豆類製品、優格。

### 油品類

橄欖油、椰子油、玄米油、葡萄籽油、酪梨油、亞麻仁子油、葵花油、奶油等。

### 新鮮水果類

芭樂、百香果、蘋果、葡萄、瓜果類、香蕉、奇異果、莓果類、桃子、柿子、木瓜等，採用本地時令水果最佳。

### 起司類

帕瑪森起司、費塔起司、莫札瑞拉起司、藍紋起司、佩克里諾羊起司，可依個人喜好選擇各種硬質、軟質起司。

### 乾燥香草與香料

乾燥的奧勒岡、羅勒、百里香、蒔蘿、薄荷、因陳蒿、月桂葉、巴西里、肉桂、八角、花椒、肉豆蔻、丁香、杜松子、茴香、鹽膚木、薑黃辣味紅椒粉、煙燻紅椒粉、大蒜粉、洋蔥粉、辣椒粉、辣椒片、胡椒粒、胡椒粉、白胡椒粒、白胡椒粉、各種海鹽等。

### 醋類

巴薩米克醋、白巴薩米克醋、各種天然水果醋、雪莉醋、紅酒醋、白酒醋等。

### 瓶裝與罐頭食品

番茄泥、整顆番茄、番茄丁、各式豆類、鯷魚、鮪魚、鷹嘴豆、玉米、朝鮮薊、黑橄欖、綠橄欖、伍斯特醋、第戎芥末、椰漿、椰奶、青醬、紅醬等。

### 乾貨類

北非小米、法式扁豆、義大利燉飯米、義大利麵、燕麥片、玉米粉、各種米類、薏仁、紅藜、藜麥、乾燥牛肝菌、木耳等。

### 果乾類

杏桃、藍莓、綜合莓果、草莓、葡萄、黑棗、蘋果等果乾。

### 堅果類

開心果、榛果、腰果、核桃、胡桃、杏仁、榛果粉、杏仁粉、葵瓜子、南瓜子、黑白芝麻、亞麻仁籽。

# 主廚的
## 工具

**01 備餐工具 Prep-ware**

在廚房裡，我們需要大小不一的各式容器來盛裝備餐的材料，包括洗滌用的各種盆子。建議使用不銹鋼或金屬材質為佳，不要用易碎的玻璃、陶瓷等來裝盛備餐食材。另外也可以準備一些不同尺寸的不銹鋼盤子、碟子、小醬鍋等，讓備餐更有條理，料理更輕鬆、簡潔。

**02 各種電動調理機 Power tools**

調理機在西式料理上是很常用到的廚房工具，從簡易的到功能性強的調理機，都是料理的好幫手。一機多功能的基礎款式，可以應付需要的打醬、打泥、打碎，是很方便的選擇。若常需要打出濃湯或打粉，則需要馬力強、刀刃強化的高階版調理機。

**03 煎鍋跟炒鍋 Frying pans and wok**

這一類的鍋具以不沾鍋為主，尺寸大小以料理的份量及形式為選擇基準。可以多準備不同的尺寸與深淺度，依據喜好的料理特性來準備鍋具。建議不妨也準備一些金屬握柄的款型，方便有些料理需要先煎或炒後再放入烤箱。

**04 烘焙工具 Measuring and baking tools**

烘焙會用到多樣工具，基本的包括：磅秤、計時器、溫度計、各種篩子、刮刀、烘焙模具、烤箱用的矽膠墊、打蛋器等。可再依據製作的品項與需求，來增添不同功能的烘焙工具。

**05 各式刨刀及工具 Peeters and utensils**

各式廚房必備的工具，尤其是功能不同的刨刀，絕對是料理的好幫手！如：zester 可以刨柑橘類的皮、帶有鋸齒狀的可以削各類果皮等，還有做馬鈴薯泥的壓泥器、壓蒜泥器、麵勺、切肉的大叉子等，琳瑯滿目，讓料理更便利及有趣味！

**06 平底鍋跟湯鍋 Saucepans & stockpots**

廚房需要不同尺寸的不鏽鋼平底鍋跟湯鍋。通常這樣的鍋子底部較厚，有非常好的傳導作用。若握柄也是金屬材質，更有利於料理時可直接放進烤箱。煮高湯時可以用較大型的深鍋；燉飯可以選擇 2-3 人份、帶有單柄的小型湯鍋，以方便攪拌。

**07 鑄鐵鍋具 Cast iron pot**

鑄鐵鍋具因為厚重，適合用來做燉煮的料理。也有炙燒橫紋的鑄鐵鍋，傳導熱能優越，可以輕鬆做出料理的炙燒效果。

**08 主廚工具袋 Chef utility set**

大小不一的刀具是廚師必備的工具，外出教學或示範料理時，我常用一個收納完整的工具袋來整理所需。除了刀具外，磨刀器、料理溫度計、檸檬皮刨刀、過濾小篩子、鑷子也都是外帶出門不可或缺的工具。一目瞭然的特質，很適合用於一般家庭廚房的各種工具收納。

01

02

03

04

05

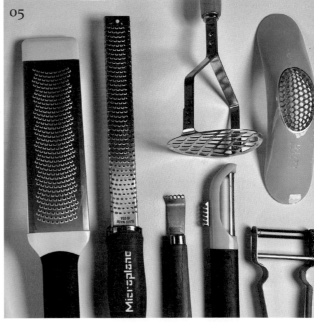

06

07

08

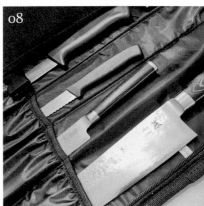

# 主廚食材
# 哪裡買

## 家樂福連鎖超市

https://www.carrefour.com.tw/
TEL：0809-001 = -365

## 全聯連鎖超市

https://www.pxpay.com.tw/
TEL：0800-010-178

## 好市多 Costco 美式連鎖賣場

https://www.costco.com.tw/
TEL：02-449-9909

## 微風廣場超市

https://www.facebook.com/breezesuper/
TEL：02-6600-8888

## 天母士東市場

台北市士林區士東路 100 號
http://www.shi-dong.com.tw/_tw/
TEL：02-2834-5308

## 上引水產

台北市民族東路 410 巷 2 弄 18 號
TEL：02-2508-1268

## GFU Gourmet Grocery Store
## 主廚的秘密食材庫

台北市汀州路二段 189 號
TEL：02-2367-1558

## 全國食材（烘焙相關食材）

南崁長興店
桃園市蘆竹區長興路四段 338 號
http://www.cross-country.com.tw/
TEL：03-333-9985

## 濱江市場

台北市中山區民族東路 336 號
TEL：02-2516-2519

## 傑上生技股份有限公司（芽典娜芽菜）

屏東縣長治鄉德和村園西二路 16 號 3 樓
http://www.super-sprouting.com/

## 太瑩企業有限公司（葡萄酒）

臺北市士林區承德路 4 段 235 號。
TEL：02-2888-486

## 玖德貿易有限公司（葡萄酒）

臺北市大同區保安街 43 號 2 樓之 1
https://winevertu.com/
TEL：02-2552-9280

## Jason's Vino（葡萄酒）

https://jowine.com.tw
TEL：04-2235-0488 分機 31

## 美國 IHERB 線上商店
## （乾燥香草與香料）

https://www.iherb.com/

## Jasons Market Place

https://www.jasons.com.tw
TEL：0800-291-261

# 用料理，
## 留駐幸福

「媽媽，好香呦！」

這是兩個女兒從小放學回家的第一句話。從幼稚園開始就一路帶便當到長大成人，她們倆的便當還在班上圈了一些小小粉絲，總希望有機會可以嚐嚐。還記得大女兒小學三年級時，班導師跟我說，班上有位同學每天看著女兒的便當，總希望有那麼一絲機會：如果女兒吃不下，可以剩一點點分給他。甚至寫國語造句時，句子還會出現：假如可以吃到同學媽媽的便當菜……。我知道了之後，隔天特別請女兒帶一份便當給這位同學，據說他驚訝又感動，非常開心地吃完。這段故事我到現在仍記憶猶新。

2018 年申請義大利佛羅倫斯藝術大學（FUA- AUF）廚藝技術碩士課程時，我把這段故事寫進自傳，獲得了學校教授親自視訊甄選，當下就錄取了我這個完全不曾在專業餐廳領域工作過的新生。在佛羅倫斯這個美麗又迷人的城市學廚藝，對我而言，學的不只是技術，更是擁抱義大利人對食物的熱情，對食材的珍惜，對季節性及永續關懷的精神。而這本食譜，所記錄的是一位母親對孩子、家人的關愛，如何透過一道道親手做的料理，將愛呈現出來。

大女兒有個同學，曾經在小學三、四年級時，來家裡吃過幾次飯。之後她去日本旅行，回來後便送我一包日本小魚乾。她告訴我，小時候在我家吃的小魚乾拌飯，那好吃的滋味這麼多年來一直讓她念念不忘，因此贈送我小魚乾，表達這一段美好的記憶。有一年，德國藝術家 Peter Zimmerman 應邀來台十幾天，他非常喜歡豆腐，我特意為他辦了一場以豆腐為主角的獨特饗宴，這場盛

宴讓藝術家至今仍難以忘懷。這些故事均是我創作料理的泉源，留駐生命中我與關愛的人所共享的幸福時刻，豐富了我的生活。

多年來，料理展現著我的生命故事。一直很期待能和更多的人交流料理多樣創作的可能與樂趣，希望能把一個個故事中的美味經驗，藉由一道道食譜，分享到你的眼前。這本食譜的出版實現了我多年的夢想。雖然，從寫作到拍攝所投入的時間跟工作量，遠遠超過我的想像。但為了讓本書內容有最完美的呈現，中間歷經不斷地修正，一再增修食譜內容，總希望能盡其所能，將最好的成果分享給讀者。

將近一年的埋首工作中，非常感謝城邦創意市集的編輯團隊在期間給予全力支持，協助我實現心中對食譜的種種期待。此外，我也要獻上無比的愛與深深的擁抱，給這次一起合作企劃編撰及拍攝食譜的團隊：陳宜及馬瑄。

陳宜是我的多年好友，歷任多本國際中文版雜誌總編，經驗與專業堪稱業界翹楚。這次跨界相挺，無論是內容規劃及文章增益修潤、編排，總是陪伴我把關每一個細節。我們常常一邊嚐著食譜裡的料理，一邊檢討或討論工作方向，往往進行到深夜，盡心盡力協助我完成這本食譜，這份情誼我銘感在心。

攝影馬瑄，我更是難以用言語表達對她的感謝。馬瑄的攝影作品總有著渾然天成、深黯幻化的迷人境界，得過獎也舉辦過幾次攝影展的她，只要有作品公開，總能讓人迷戀與讚嘆。為了幫我完成出版這本食譜的夢想，她全力付出，整整四個月的拍攝期間，我們兩人不停的製作、不停的拍攝，不滿意就重來，我就像導演一般不斷跟她討論照片所呈現的一切：「我想看到照片有這道料理的靈魂！」「跑龍套的小角色有點搶了主角的戲……重來好嗎？」 為了真實呈現料理的精髓，照片裡出現的料理拍攝完就是工作人員的餐點， 一切都是真實的呈現，想當然攝影的難度就更高。讓我們最欣慰的是，書中一幀幀美麗的佳作，都是我跟馬瑄一路走來默契十足、合作無間的成果，也是我們多年友誼的珍貴印記。

編輯過程中，還要感謝景文科技大學的楊于頡、吳維妮兩位優秀的年輕廚師，剛從義大利佛羅倫斯藝術大學餐飲系交換學習一年回到台灣，就立刻加入我早期的食譜製作拍攝工作。還有張睿宏，協助我許多料理製作的繁瑣備餐幕後工作。感謝小女兒朱鏡諭幫媽媽的食譜打字，減輕我不少工作時間，也不斷的品嚐給我意見，是我的最佳觀眾。謝謝大女兒昱錚，在義大利幫我加油打氣！

最後，我想將這本書獻給我的母親。從小到大，母親的美味日常餐桌總是如此讓我們想念，八十多歲的母親如今依舊是每天親自料理。我也開始期待進行下一本食譜，能寫下媽媽的日常料理，讓幸福延續。

| | |
|---|---|
| 作者 | 羅勻吟 Audrey Lo |
| 攝影 | 馬瑄 |
| 編輯協力 | 陳宜、溫淑閔 |
| 責任編輯 | 陳姿穎 |
| 封面 / 內頁設計 | 任宥騰 |
| 行銷企劃 | 辛政遠、楊惠潔 |
| 總編輯 | 姚蜀芸 |
| 副社長 | 黃錫鉉 |
| 總經理 | 吳濱伶 |
| 執行長 | 何飛鵬 |
| 出版 | 創意市集 |

2AB865

# 地中海
# 減醣料理

## 哈佛健康餐盤

88 道全家幸福共享的地中海優食提案

發行

英屬蓋曼群島商家庭傳媒股份有限公司城邦分公司
歡迎光臨城邦讀書花園網址：www.cite.com.tw

香港發行所

城邦（香港）出版集團有限公司
香港灣仔駱克道 193 號東超商業中心 1 樓
電話：(852) 25086231
傳真：(852) 25789337
E-mail：hkcite@biznetvigator.com

馬新發行所

城邦（馬新）出版集團 Cite (M) Sdn Bhd
41, Jalan Radin Anum, Bandar Baru Sri Petaling,
57000 Kuala Lumpur, Malaysia.
電話：(603) 90578822
傳真：(603) 90576622
E-mail：cite@cite.com.my

客戶服務中心

10483 台北市中山區民生東路二段 141 號 2F
服務電話：(02) 2500-7718 - (02) 2500-7719
服務時間：週一至週五 9：30 ～ 18：00
24 小時傳真專線：(02) 2500-1990 ～ 3
E-mail：service@readingclub.com.tw

展售門市　台北市民生東路二段 141 號 7 樓
製版印刷　凱林彩印股份有限公司
初版 4 刷　2023 年 6 月
ISBN　978-986-0769-67-8
定價　580 元

國家圖書館出版品預行編目 (CIP) 資料

地中海減醣料理：哈佛健康餐盤，88 道全家幸福共享
的地中海優食提案 / 羅勻吟 (Audrey Lo) 著
創意市集出版：城邦文化事業股份有限公司發行，
民 111.03
　— 初版 — 臺北市 — 面：公分

ISBN 978-986-0769-67-8( 平裝 )
1. 食譜 2. 健康飲食

427.12　　110021600

若書籍外觀有破損、缺頁、裝訂錯誤等不完整現象，
想要換書、退書，或您有大量購書的需求服務，都請
與客服中心聯繫。